农业文化
遗产资源的保护与发展

刘 莹◎著

四川科学技术出版社

图书在版编目（CIP）数据

农业文化遗产资源的保护与发展 / 刘莹著. -- 成都：四川科学技术出版社, 2023.12

ISBN 978-7-5727-1247-0

Ⅰ. ①农… Ⅱ. ①刘… Ⅲ. ①农业—文化遗产—保护—研究—中国 Ⅳ. ①S

中国国家版本馆CIP数据核字(2023)第245542号

农业文化遗产资源的保护与发展

NONGYE WENHUA YICHAN ZIYUAN DE BAOHU YU FAZHAN

著　　者　刘　莹

出 品 人　程佳月
责任编辑　张　琪
助理编辑　魏晓涵　魏语鄢
封面设计　中知图印务
责任出版　欧晓春
出版发行　四川科学技术出版社
　　　　　成都市锦江区三色路238号　邮政编码 610023
　　　　　官方微博 http://weibo.com/sckjcbs
　　　　　官方微信公众号 sckjcbs
　　　　　传真 028-86361756
成品尺寸　170 mm × 240 mm
印　　张　12
字　　数　240千
印　　刷　天津市天玺印务有限公司
版　　次　2023年12月第1版
印　　次　2023年12月第1次印刷
定　　价　65.00元

ISBN 978-7-5727-1247-0

邮　　购　成都市锦江区三色路238号新华之星A座25层　邮政编码：610023
电　　话　028-86361770

前　言
PREFACE

世界自然与文化遗产是长期地质历史演变与人类活动多重作用下形成的人类文明的瑰宝，但随着人口的增加及人类对环境影响的加剧，自然与文化遗产不断受到威胁。保护和传承农业文化遗产是推动我国农业可持续发展的基本要求。中国的农业文化遗产具有悠久的历史渊源、深厚的文化积淀、独特的农业产品、丰富的生物资源、完善的技术体系、较高的美学价值，对其保护和传承是推动传统文化与现代技术结合、探寻农业可持续发展道路的重要手段。

利用和发展农业文化遗产是促进贫困地区农民就业和农业增收的有效途径。农业文化遗产既是重要的农业生产系统，又是重要的文化和景观资源。在保护的基础上，农业文化遗产与生态农业、有机农业、休闲农业发展结合，既能促进农业的多功能化，又能带动当地农民的就业和增加收入，推动经济社会可持续发展。

宣传和推广农业文化遗产是增强我国农业软实力的重要途径。我国是最早响应全球重要农业文化遗产保护的国家之一，在推动全球农业遗产工作中具有中国的话语权和主动权，扩大了国际影响，扩大了中华传统文化的影响力，联合国粮食及农业组织（简称“粮农组织”）也在不同场合多次对我国的农业工作以及我国农业方面的科学家提出表彰。

与此同时，在经济快速发展、城镇化加快推进和现代技术应用的过程中，我们也应清晰地认识到农业文化遗产的保护还面临着多重挑战。

首先，对农业文化遗产的精髓挖掘不够，没有系统地发掘农业文化遗产的历史、文化、经济、生态和社会价值。传统理念与现代技术的创新结合不够。

保护与可持续利用机制有待健全。虽然各地探索了一些农业文化遗产保护与传承的途径，但仍存在重眼前、轻长远和重生产、轻生态的做法，对遗产地农民的利益保障不够。其次，国际竞争日趋激烈。近年来，一些国家逐渐认识到农业文化遗产保护与发展在保障本国食品安全、影响全球食品贸易等方面的前景，纷纷与我国在粮农组织内争夺农业文化遗产的话语权和领导权。

本书立足于农业文化遗产资源的保护，首先对农业文化遗产的概念和特征进行了介绍，然后对农业文化遗产进行了详细的分类，便于读者全面地了解农业文化遗产。在深刻剖析农业文化遗产价值后，该书对农业文化遗产价值进行了深入的挖掘以及转化途径的探索，并以福建地区为例，从实践的角度出发，让读者对农业文化遗产有更深刻的体会。本书旨在宣扬我国农业文化遗产，以期更好地实现农业文化遗产的保护与发展。

作者

2022年2月

目　录
CONTENTS

第一章 农业文化遗产基本概述

第一节 全球农业文化遗产概念及特征

农业文化遗产这一概念源自2002年联合国粮食及农业组织（FAO）推动的“全球重要农业文化遗产（GIAHS）”保护项目。该项目计划在全球环境基金（GEF）的支持下，对全球重要的、受到威胁的农业生物多样性和农业文化多样性进行保护。2005年，“全球重要农业文化遗产动态保护与适应性管理”项目正式准备，FAO在6个国家选择了5个不同类型的传统农业系统作为首批全球重要农业文化遗产保护试点。该项目于2008年得到GEF理事会的批准，并于2009—2014年正式实施。十多年来，国际社会对农业文化遗产的重视程度不断提高。截至2015年底，已有15个国家的36个传统农业系统被列入GIAHS名录，其中中国占11个，位居各国之首。作为中国实施GIAHS项目的成果之一，2012年农业部启动了中国重要农业文化遗产挖掘与保护工作，至2015年底分3次公布了62个保护项目，我国成为世界上第一个开展国家级农业文化遗产认定与保护的国家。

不论从农业文化遗产保护项目产生的背景，还是从全球及中国重要农业文化遗产的评选标准来看，农业生物多样性都是农业文化遗产的核心要素。在农业文化遗产地，传统品种保存于传统的农业生态系统中，这些农业生态系统仍然是当地农民生计策略和传统文化传承的重要载体。农业生物多样性保护通过农民的农事活动和管理得以实现，被保护的遗传资源在农业生态系统中随着自然、社会和经济的不断变化而不断适应和进化，使其多样性不断得以更新和丰富。因此，保护农业文化遗产是农业生物多样性就地保护的重要途径之一。

一、农业文化遗产地的农业生物多样性特征

农业文化遗产地的农业生物多样性极为丰富。在农业文化遗产地，农民在不断选种、留种的过程中选择适应地方环境、具有不同抗性和特点的传统品种进行多样化种植，满足不同生态气候条件下的种植要求，多物种混合种植、养殖的生态农业方式，有助于抵御气象和生物灾害，获得稳定的收成。这些丰富的遗传和物种多样性，以及历史悠久的轮作复种、间种套作、梯田耕作、桑基鱼塘、农林复合、稻田养鱼等传统农业生产技术，为探索保护和利用农业生物多样性、促进农业可持续发展提供了极为重要的启示。

㈠ 农业生物遗传多样性

在农业文化遗产地，农民基于社会经济因素和环境变迁因素倾向于维持传统品种的多样性。主要特点表现为：①与现代品种相比，传统品种能更好地满足需求。例如，在贵州从江侗乡稻—鱼—鸭系统中，糯稻的种植不仅可以提供好吃、耐饥又便于携带的食物，而且其根须还可以入药。糯米饭更是当地人在岁时节令、人生礼仪、社交庆典等民俗活动中食用的必需品。②在低外部投入(如杀虫剂和除草剂)的情况下，能够获得较高的产量。对云南红河哈尼稻作梯田系统的研究表明，水稻品种多样性混合间作与单作优质稻相比，对稻瘟病的防效为81.1%～98.6%，每公顷增产630～1 040千克；区域栽培的水稻品种多样性丰富，其稻瘟病群体遗传多样性和生理小种组成也丰富。由于品种多样性有利于寄主品种与病原菌协同进化，优势小种难以形成，可以有效控制病害流行。③对于非生物压力不敏感。有研究表明，内蒙古敖汉旱作农业系统中粟黍传统品种对干旱胁迫表现良好。④不同遗传型作物混作可以降低风险。如由于云南红河哈尼稻作梯田独特的立体农业气候，当地生态环境多样、气候多变，只有种植多个品种才能保证稳产。

㈡ 农业物种多样性

在生物群的异质性上，物种多样性可促进生态系统内空间和时间上的营养循环和营养滞留。

农业文化遗产地具有显著的复合系统特征，强调系统内多个组成部分间的整体性及相互作用。在农业文化遗产地，农民通过作物间作、套种等混合种植，在稻田中引入鱼、鸭等其他物种，增加了农田物种多样性。

近年来,生态学研究证明:增加物种丰富度可以对较低水平的生态系统循环过程产生巨大的影响。这在物种较单一的农田生态系统更加明显。由于生态位互补机制,不同物种在资源利用上存在差异,或者物种之间存在正的相互关系,因此物种多样性会促进生态系统功能的优化。浙江青田稻鱼共生系统长达5年的田间试验结果表明,无农药投入的稻鱼共生系统水稻产量和稳定性均明显高于无农药的水稻单作系统,且杂草生物量降低93.57%,纹枯病发生率降低54.35%,稻飞虱密度降低44.74%。

(三) 农业生态系统和景观多样性

在农业文化遗产地,通过构建水陆微生态系统,使农田与森林、草地、湿地等交织共存,增加了农田生态系统多样性。例如,稻田、鱼塘与森林生态系统共存,是贵州从江侗乡稻—鱼—鸭系统的普遍景象。通过挖塘储水养鱼,人为创造水生环境,被称为"庄稼保护者"的蛙类会成倍增加,进而可以有效控制害虫爆发;通过在稻田间集中开辟林地,将稻田按等高线分割开,形成稻田、林地交错分布的景观结构,可以增加益鸟的数量,进而减少害虫的数量。稻田镶嵌于森林生态系统之中,形成复合的有机体,促进了系统内的水循环。如白天温度升高时,稻田中的水分通过蒸腾与蒸发作用进入大气,但因为森林生态系统的阻挡而产生滞留作用,当夜间温度降低时再凝结为露或雾,又回到稻田中。此外,当地居民在森林与稻田生态系统的过渡地段,开辟5米到7米不等的浅草带,并利用人工砍伐或者牲畜啃食等方式进行人为控制。这些草地,不仅可以增加稻田周围的通风、透光程度,又可以防止野生动物进入稻田,还给耕牛、马和羊提供放牧地,降低地表径流,减少泥沙沉积,缓解泥石流和山洪的危害。草地生态系统的存在,还提高了草地生物的多样性。

在景观尺度上,当地居民与自然协同进化的过程中,形成了由森林、草地、农田、河流、湖泊、村落等组成的独特的、活态的农业景观。

(四) 农业文化多样性

文化多样性与生物多样性的紧密关系,使民族文化在当今的生物多样性保护和管理中成为一个不容忽视的重要方面。文化多样性还被认为是生物多样性的一个重要组成部分。在农业文化遗产地,当地居民在长期与自然适应的过程中积累了丰富的经验,这些经验在各民族传统文化上都有充分的反映,也成为农业文化遗产系统的重要组成部分。

在贵州从江侗乡稻—鱼—鸭系统中，侗族农业生物多样性与传统文化之间存在着极其密切的关系，在服饰、饮食、建筑、医药等传统文化中都有明显的表现。传统文化中的宗教（信仰的力量）、习惯法（村规民约）、习俗等非物质文化形式都对农业生物多样性的保护产生了积极的作用。

在云南红河哈尼稻作梯田，哈尼人以图腾崇拜、自然崇拜等形式保护动植物和赖以生存的森林、大山与土地；以祖先崇拜构建共同记忆，维系家庭和家族的联系，建立认同和归属感；以传统的信仰和仪式保持人对自然的敬畏感，以切实有效的资源（主要是水、耕地和生物）管理知识，维持稻作梯田系统的稳定性和可持续发展。在这样的信仰与心态下，哈尼族各种祭祀活动便带有农业生物多样性保护、生态系统保护等生态文化意义。

二、农业文化遗产地农业生物多样性利用的基本原则

第一，最小改性原则：在农业文化遗产地，当地居民的生产和生活都尽可能与自然生态环境相适应，追求人与自然和谐。在贵州从江，侗乡人师法自然，通过观察天然沼泽地来建造稻—鱼—鸭系统，尽量使稻田与自然生态背景的差异最小，使农业生产有很高的稳定性，能够持续发展。从江占里人独有的生育文化，有效地控制了人口规模，实现了人口增长与自然资源供给的平衡与协调。

第二，完整性原则：对自然资源的领有和使用尽可能保持相对完整，并将这种生态学思想融入传统文化，将这种领有和使用长期保持下去。侗乡人尤其重视村寨森林、名木古树和水边植被的保护，重视植树造林，并将这些写入有法规性质的“侗款”。

第三，因地制宜均衡利用原则：因地制宜地均衡利用当地农业生物种类及其产品。在贵州从江侗乡稻—鱼—鸭系统中，当地居民利用的植物多达12科17种。其中可以食用的6种，占植物物种总数的35.3%；饲料6种，占35.3%；侗药4种，占23.5%；作为编织材料及绿肥的各1种，分别占5.9%。

第四，可持续发展原则：农业生物多样性是人类生存与发展的基础和条件，其可持续利用是保持人类社会可持续发展的首要条件。在农业文化遗产地，当地居民根据自然资源条件调整自己的生活方式，在生态承载的范围内确定自己的消耗标准，合理开发、利用农业生物资源。如从江侗族的生产月令中，一、二、三月为林业的操作期，林间的间伐和疏伐安排在一月完成，林间的中耕安排在二、三月完成，四月以后才开始大田农作。这样的月令安排，除了

林间的必要管理期外，一年中绝大多数时间，林区完全处于封闭状态，保护了林区的生物多样性。

三、农业文化遗产地农业生物多样性保护与利用的若干建议

（一）建立监测和评估体系

农业文化遗产所包含的农业生物多样性及传统农业知识、技术和农业景观一旦消失，其独特的、具有重要意义的生态、文化甚至经济效益也将随之消失。因此，一方面需要建立综合评估体系，全面认识农业文化遗产的农业生物多样性特征，挖掘其生态价值，识别所面临的主要威胁；另一方面，需要实时、定期获取遗产地农业生物多样性现状和保护发展措施的影响与效果，建立有效的监测体系，并形成预警机制。鉴于农业文化遗产地的农业生物多样性特征及其大量空间及属性数据判断，地理信息系统（Geographic Information System，GIS）在这一领域具有广阔的应用前景。

（二）强化农业生物多样性保护与可持续管理的研究

农业文化遗产地的农业生物多样性是当地居民生存、生计和生活的根本保障。因此，首先要研究并深刻理解当地居民维持及保存农业生物多样性的原因，给予充分尊重，以促进农业生物多样性的可持续利用。鼓励多学科跨部门的综合性研究与示范，研究人员、农民及其他利益相关方要共同参与，采用生态学、社会学和经济学的综合研究方法，探索不同管理情景下农业生物多样性的生态系统服务功能，重点研究发展经济和保护农业生物多样性之间的关系。在探讨农业生物多样性适应性管理时，也应支持采用以农业生物多样性的多功能性为基础的农业生产方式。

第二节　中国农业文化遗产概念及特征

一、广义“农业文化遗产”的全球概念

从“文化遗产”相关概念的演进过程可以发现，人类认识和处理自己历史的文化包容性在扩大，同时其态度和方法也更加科学和理性；对相关概念认识

的不断深化，也意味着人们对“文化遗产”以及相关概念的理解更趋理性和深入的同时，赋予了它更多政治的、社会的和文化的意义。

我们今天所说的“农业文化遗产”其实是一种“话语”，是个极具鲜明时代“语境(context)”特征的概念，是一种特定时代背景下“人的观念”的“行动诉诸”。对“农业文化遗产”应从特定的历史语境中去认识。首先，要以历史的眼光来看待“农业文化遗产”的演变，其产生和发展不能脱离其特定的时空背景和特定的共同体环境；其次，它是中国本土的“农业遗产”概念在与外来的“全球重要农业文化遗产(GIAHS)”概念碰撞后的产物。“农业文化遗产”概念的提出和CIAHS项目的实施为我们提供了一个新的研究视角和重新审视中国农业文化遗产保护问题的契机和动力。

农业文化遗产的概念应该从人类农业文化的创造、集体记忆和未来发展的角度来认识和理解。与生物通过遗传密码把物种的生物特征传递给后代一样，文化遗产涉及把人类各民族丰富多彩的文化特征传递给后人。如果说生物借助基因保证了生物的多样性，那么，人类则通过文化遗产保证了文化的多样性。农业文化遗产作为人类在改造自然时产生的一种特殊的遗产类型，它寄托了人类对大自然的崇敬、因地制宜的智慧和日夜劳作的辛勤，是人类和自然和谐相处的见证，是地域文化的杰出代表。保护我国农业文化遗产的目的既是保护农业生物多样性的需要，更是保护农业文化多样性的需要。

二、农业文化遗产的特点

总的来讲，农业文化遗产与一般的自然遗产和文化遗产是不同的，体现了自然遗产、文化遗产、文化景观遗产和非物质文化遗产的多重特征。

(一) 多样性

农业文化遗产与一般意义上的人类遗产不同，是一类典型的生态—经济—社会—文化复合系统及其组成部分，更能体现出自然与文化的综合作用，也更能协调保护与发展的关系。它集自然遗产、文化遗产、文化景观遗产、非物质文化遗产的多重特征于一身，既包括物质遗产部分、非物质遗产部分，也包括物质与非物质遗产融合的部分。农业文化遗产的物质部分所对应的是其自然组成要素，而非物质部分则主要呼应其文化组成要素。物质遗产部分包括各类农业遗址、农业工程、农业工具、农业文献、农业物种、农业特产；非物质部分包括农业文化遗产系统内部的各类文化现象，如农业技术、农业民俗；物质与非物质遗产融合的部分包括农业景观（农业生产系统）、农业聚落。从概念上来看，狭义的农业文化遗产更接近于文化景观，其特点是更加清晰地体现出文化景观中农业要素的重要性，是人与自然在农业地区协同进化的典型代表，体现了自然遗产、文化遗产和文化景观的综合特点，是一类复合性遗产。而广义的农业文化遗产包括了农业生产系统、生活系统及其组成部分，既包括农业景观（农业生产系统）、农业聚落这样的复合系统，也包括农业工具、农业物种、农业特产、农业技术、农业民俗等组成部分。

（二）活态性

与其他遗产类型相比，狭义的农业文化遗产最大的不同在于它是一种活态遗产，不是被封闭起来保护的，而是以传承、发展和创新的形态存在的，这些历史悠久的传统农业生产系统是发展着的，它联系着过去和未来，至今仍然具有较强的生产与生态功能。狭义的农业文化遗产是农业社区与其所处环境协调进化和适应的结果，如果将狭义的农业文化遗产看作一个整体的系统，这种系统就是有生命力的、能持续发展的活态系统，而不是固态、不变的系统。这种可持续性主要体现在这些农业文化遗产对于极端自然条件的适应、居民生计安全的维持和社区和谐发展的促进作用。

农民既是农业文化遗产的重要组成部分，也是农业文化遗产重要的保护者、传承者和践行者，随着外界环境条件的变化，对遗产系统做出因应这种变化的调整和改变，使系统能够适应自然、社会、文化环境的变化。农业文化遗产保护的是一种农民仍在使用并且赖以生存的生产方式和生活方式，是众多农民的生计保障和乡村和谐发展的重要基础。世界遗产委员会对遗产保护的总体趋势已经体现出从“静态遗产”向“活态遗产”的转变，文化景观的出现就是活态遗产的典型代表。农民生活在农业文化遗产系统中，并不意味着他们的生活方式就要保持原始状态，不能随时代发展。农业文化遗产保护守护传统农业系统的精华，同时也保护这些系统的演化过程。农业文化遗产地居民的生活水平和生活质量需要随社会发展而不断提高。因此，农业文化遗产体现出一种动态变化性。

（三）战略性

农业文化遗产还是一种战略性遗产。这一特点从本质上体现出农业文化遗产的重要意义。在2001年11月联合国教科文组织大会第三十一届会议通过的《世界文化多样性宣言》中，就明确指出“文化遗产”乃是“创作的源泉”。文化遗产不仅关乎过去、现在，更重要的是与人类未来紧密相关。同样，农业文化遗产不是关于过去的遗产，而是一种关乎未来的遗产。农业文化遗产强调对农业生物多样性，传统农业知识、技术等文化多样性的综合保护，对调整人与环境资源关系，应对经济全球化、全球气候变化，保护生物多样性、生态安全、粮食安全，解决贫困等重大问题，促进农业可持续发展和农村生态文明建设具有重要的借鉴意义和科研价值。因此，保护农业文化遗产不仅仅是保护一种传统，更重要的是在保护未来人类生存和发展的一种机会。从这个意义上来看，保护农业文化遗产是一种战略行为，是国家和地区可持续发展的重要组成部分。农业文化遗产是人类长期适应环境的产物，是人类优秀传统农业的杰出代表，其形成需要悠久的历史。漫长的历史发展过程中积淀的农业生产和生活经验对人类未来的发展具有重要意义，这也是全球重要农业文化遗产评选的重要标准。

(四) 多功能性

多功能性即农业文化遗产具有多样化的物质性生产功能和突出的其他方面的功能，兼具食品保障、原料供给、就业增收、生态保护、观光休闲、文化传承、科学研究等多种功能。农业文化遗产长期以来一直在为人类的发展默默地履行其食品保障、原料供给等生产职能，而人们却忽视了其重要的生态保护、观光休闲、文化传承、科学研究等功能，这些功能在后工业社会的价值已日益凸显，重视农业文化遗产的多功能性是实现其更大价值的基础。例如，由于传统农业生产方式注重保护生物多样性，并充分利用临近农业系统周围的自然生态系统，这使得农业文化遗产地保存了良好的生物多样性、基因多样性和生态系统多样性，这些多样性又产生了多样的生态功能。

(五) 适应性

农业文化遗产通过内部要素间的相互作用与互利共生机制，表现出自然生态、经济、文化与社会子系统的适应性。历经千百年传承至今的农业文化遗产，随着自然条件变化、社会经济发展与技术进步，为了满足人类不断增长的生存与发展需要，在系统稳定基础上因地、因时地进行结构与功能的调整，充分体现出人与自然和谐发展的生存智慧。农业文化遗产是一类典型的生态—

经济—社会—文化复合系统及其组成部分，具有多样产出的经济系统、结构合理的自然生态系统和“天人合一”的文化系统，是人地和谐、可持续发展的典范。如中国的“稻田养鱼”是种植业与养殖业有机结合的生产方式，是融合我国传统的精耕细作农业、生态农业和现代高产低耗高效农业为一体的集约型综合生产方式，稻谷可为鱼类提供遮阳和有机物质，鱼类又可以通过搅动水起到增氧的作用，鱼类还可以吞食有害昆虫，有益于养分循环，是典型的和谐发展的农业生产—生态系统。

（六）濒危性

濒危性主要是指由于工业化、城镇化、现代化，以及社会经济发展阶段性比较效益的变化等原因，许多农业文化遗产面临着被破坏、被遗弃、被抛弃等不可逆变化，主要表现为农业生物多样性的减少和丧失、传统农业技术和知识体系的消失，以及农业生态系统结构与功能的破坏等。

全球化也加重了一些传统的、小规模的农业系统的压力。全球商品驱动型市场的渗透使得农业文化遗产地的生产者或社区不得不与世界其他地区集约化补贴农业生产的农产品竞争。所有这些威胁和问题可能会造成独特的全球重要农业生物多样性和相关知识的丧失、土地退化以及贫困化，从而威胁到许多农村和传统农业社区的生存和食物安全。

第二章 农业文化遗产的分类体系

第一节 遗址类农业文化遗产

大约距今1万年前，人类告别旧石器时代，进入了新石器时代，这是人类社会历史发展的新时代。其主要标志是陶器的产生和使用，农业的发明，定居生活的出现；开始有了饲养业，牛、羊、狗、猪等是新石器时代饲养较早的一批家畜；野生粟、稻也随之被驯化、选育。在中国的新石器时代遗址中，发现了大量的陶纺轮、石纺轮和饰有绳纹、线纹的陶器，并有麻、葛、丝等纺织原料的出土，还有各种编织品留在陶器上的印痕，表明当时已出现了纺织品。大量骨、蚌、角制生产工具和骨、蚌、角、石、玉制装饰品的出现表明新石器时代比旧石器时代和中石器时代有了很大的进步。人类进入新石器时代以后，也开始了农业文化遗产产生的最初历程。目前中国发现了非常多的新石器时代遗址，现择其主要阐述如下。

一、南庄头遗址

南庄头遗址位于河北省徐水县高林村乡南庄头村东北2千米处。根据测定，南庄头遗址的年代为距今10 500～9 700年。年代测定结果表明，南庄头遗址比磁山、裴李岗等文化遗址早近2 000年。它是我国重要的新石器早期文化遗存，发现的生产工具和食物加工工具有石磨盘、石磨棒、块状石制品、片状石制品、骨锥、骨锄、骨镞、鹿角锥等。

动物骨骼是南庄头遗址中保存最多的遗物种类。经鉴定，这些动物骨骸代表了以下动物种类：鼠、鸡、鹤、狼、狗、家猪、麝、马鹿、麋鹿、狍鹿、梅花鹿、斑鹿，以及鸟类、鱼类、鳖类、蚌类、螺类等。

二、裴李岗文化遗址

裴李岗文化因于1977年在河南省新郑县(今新郑市)裴李岗村附近发现此种文化的遗址而得名。密县莪沟遗址、长葛石固遗址和舞阳贾湖遗址,都属于裴李岗文化类型遗址。遗址的年代距今8 000 ~ 7 000年。裴李岗文化发现的遗迹有房基、灰坑、陶窑和墓葬等,在新郑沙窝遗址中出土有炭化粟粒,在舞阳贾湖遗址中出土有稻作遗存,另外还出土有牛、羊、猪、狗等家畜骨骼和陶塑羊头与猪头。

三、磁山文化遗址

磁山文化遗址因首先发现在河北省武安市磁山而得名。该遗址位于靠近南洺河北岸的台地上,1976—1977年进行了正式发掘,遗址年代距今8 000 ~ 7 000年。生产工具以石质生产工具为主,石器皆磨制而成。石器有扁圆体双面刃斧、上窄下宽扁平体铲、扁平体双面刃镰、椭圆形扁平体三足或无足的磨盘、圆柱体磨棒、石弹丸等,另有骨鱼镖、骨镞等。出土有大量粮食——粟的炭化遗存,还有狗、猪、鸡等家畜与家禽骨骼。

四、仰韶文化遗址

仰韶文化的中心区域应在陕西关中、山西南部和河南大部,距今7 000 ~ 5 000年。仰韶文化遗址中发现有猪、狗、羊、牛等家畜的遗骸,说明家畜的饲养已相当普遍。仰韶文化时期黄河流域的先民社会经济以农业为主,饲养家畜,兼营采集和渔猎,居民种植的农作物主要是粟、黍,还种植水稻和蔬菜。

五、贾湖文化遗址

贾湖文化遗址位于河南省舞阳县北舞渡镇贾湖村,经测定,贾湖文化总的年代跨度大致在公元前7800—前5800年或距今10 000 ~ 7 800年。原始稻作农业在贾湖相当发达,家畜饲养也已经出现。通过对稻壳印痕和炭化稻米的形态分析,以及对水稻的硅酸体分析,表明贾湖先民种植的稻种是一种尚处于籼、粳分化过程中的,以粳型特征为主的,具有原始形态的栽培稻。

六、马家窑文化遗址

马家窑文化因20世纪20年代初首先发现于甘肃省临洮马家窑而得名,它是黄河上游具有独特风格的一种新石器时代文化,经历了1 000多年,年代距今5 000多年。生产工具多为石器，制法以磨制为主，也有一些打制的。打制石器有石刀、石铲、盘状器和细石器；磨制石器有石铲、石斧、穿孔石刀、石锛、磨谷器、石杵、研磨器、石网坠、石纺轮、石镰等；另有骨铲、骨镞、陶纺轮和陶刀。制陶业相当发达。在遗址的灰坑和墓葬中常常发现有粟粒和粟穗遗存，可知农业种植以粟为主。

马家窑文化到了马厂类型阶段，居民以经营农业为主，在遗址中发现了大量的石制和骨制的农业生产工具，其种类增多，制作精致，同时发现较多的粟等粮食，说明当时的农业生产已经有较大的发展。当时的社会经济以农业生产为主，以狩猎经济为辅。

七、齐家文化遗址

齐家文化因1924年首先发现于甘肃省广河县的齐家坪遗址而得名，年代距今4 200～3 900年，大约和黄河中游的龙山文化中晚期相当。

在齐家文化的许多遗址中都曾发现过炭化粟，说明当时的农业以种植耐旱的粟为主。另外还在遗址中发现有驯养的猪、羊、狗、牛、马、驴等动物骨骼，说明当时的人们已在兼营畜牧业。大河庄、秦魏家、皇娘娘台三处遗址出土猪下颌骨800多个，反映了其养猪业的发达。另有麻布出土，有粗细两种。

八、大汶口文化遗址

大汶口文化因1959年发掘的山东省泰安县大汶口遗址最具代表性而命名，主要分布区是山东、苏北、皖北和豫东的汶河、泗河、沂河、淄河、淮河下游的广大地区，年代距今6 000～4 000年，延续时间约2 000年。在三里河遗址的一个窖穴中，曾发现约1平方米的炭化粟，表明农业以种植粟为主。该文化遗址还发掘出大量牛、羊、猪、狗等家畜骨骼。

九、龙山文化遗址

龙山文化因1928年在山东章丘县（今济南市章丘区）龙山镇城子崖首先发现而得名，距今4 600～4 000年。谷物种植仍以粟为主，还发现不少猪、羊、牛、狗等家畜骨骸。经济生活以农业生产为主，兼营畜牧和渔猎。遗址中常见的鬶、益、觚、杯等酒器，不但数量多，制作精致，造型也很美观。陶酒器的增多显然是因为农业生产有了较大发展，从而促进了酿酒业的兴盛。

十、玉蟾岩遗址

玉蟾岩，俗称蛤蟆洞，位于湖南道县寿雁镇白石寨村，经过考古鉴定，确认为是旧石器文化向新石器文化过渡的全新世早期遗址，并于1993年和1995年进行两次发掘，获得重要成果。玉蟾岩遗址的年代，从陶片的形态判断，早于距今9 000～8 000年的彭头山文化的陶片。参照玉蟾岩附近文化性质相同的三角岩遗存的年代，估计其年代当在一万年以上。最为重要的是，在该遗址中发现了被认为是具有栽培特征的水稻谷壳，将人类栽培水稻的历史提前到一万年前，从而使该遗址成为具有划时代意义的文化遗存。

十一、彭头山文化遗址

彭头山文化遗址普遍发现稻作遗存。将稻壳作为陶胎的主要掺和料之一是彭头山文化陶器的一大明显特征。其经济特征为采集、渔猎在经济生活中居主导地位，兼有水稻种植与家畜饲养。

十二、河姆渡文化遗址

河姆渡文化因于1973年在浙江余姚县（今余姚市）河姆渡遗址发现而得名。河姆渡文化以稻作农业为主，兼营畜牧、采集和渔猎。

在河姆渡文化遗址中，普遍发现有稻谷、谷壳、稻秆、稻叶等遗存。河姆渡遗址出土的稻谷经鉴定属于栽培稻的籼亚种晚稻型水稻。在第二期发掘时，还发现了薏仁米，说明当时被栽培的禾本科作物已不止水稻一种。在孢粉分析中发现了豆科植物。骨耜（铲）是农业生产中用于翻土的工具，河姆渡文化遗址中骨耜（铲）的出现，说明在六七千年前的中国长江下游地区，已进入“熟荒耕作制”的“耜耕农业”阶段。

遗址中还出土了许多动植物遗存。植物遗存有橡子、菱角、桃子、酸枣、葫芦、菌类与藻类；动物骨骼有犀、象、熊、虎、水獭、麂、鹿、猕猴和鱼类，其中以猪骨和鹿骨的数量最多，反映了猪是当时饲养的主要家畜，而鹿则是当时主要的狩猎对象。在当时饲养的家畜中，有猪、狗，可能还有水牛和羊。渔猎和采集在当时的经济生活中仍占有很重要的地位，遗址中除出土成堆的野生植物果实外，还发现1 000余件骨镞和50多个种属的动物遗骨。

第二节　物种类农业文化遗产

传统畜禽和作物品种是千百年来先人们通过选育利用自然的产物，这些品种的形成，带有强烈的地域特征，从而形成了具有不同特点的地方品种。各种自然环境和不同的培养目标，促成了不同类型的家畜与农作物品种形成。由于中国古代实验科学并不发达，育种仅仅停留在相对简单的选优汰劣的方式，主要通过外貌来决定留种，选育的水平较低。尽管如此，仍然有许多品种的基因得以保留下来。当然，这种做法不可避免地使很多基因在选育的过程中丢失，使得我们今天无法保存和利用。但是，现有传统的畜禽品种和农作物携带大量的基因都是我们未来育种工作的宝贵财富，成为十分重要的遗传多样性资源。

一、地方农作物品种

长期以来，古代人民在生产过程中培育了大量的作物品种，成为今天人们依然使用的重要种质资源。以下就清代水稻品种略作介绍。

乾隆七年（1742年）编修的《授时通考》收集了223个府（州）、县的水稻品种，是我国有史以来收集水稻品种最多的史籍。据统计，其收集的品种达3 429个之多，除去重复，实有品种大约2 500个。但《授时通考》收集的水稻品种数不足以反映清代水稻品种的全貌，因为从时代上说，它只收集了乾隆七年以前的资料，缺少其后至宣统时期100多年间新出现的水稻品种。如浙江平湖县（今平湖市），《授时通考》中记载的品种，杭之品有香粳稻、紫芒稻、雪里拣、芦花白、早白稻、拣选稻、鹊不知7种；糯之品有金钗糯、鹅脂糯、白谷糯、西洋糯、灶王糯、羊须糯、芦花糊7种。乾隆五十五年（1790年）《平湖县志》上增加了长黄、天落黄、牛龈椿3个粳稻品种。光绪十二年（1886年）《平湖县志》上又增加了芦柚1个品种。可见《授时通考》问世后水稻品种仍不断有所发展。就地区上说，收集的省不全，其中像贵州省，整省的情况都缺载。被收录的省和府（州）、县也有遗漏，如浙江省，收录了25个府（州）、县共530个品种，尚有20个府（州）、县449个品种没有收入。

据对清代各地方志中的水稻品种进行逐一登录，可以查到在生产上应用的品种有5 140个，比《授时通考》记载的3 429个水稻品种多1 711个。换句话说，乾隆七年以后的100多年比顺治到乾隆七年的近100年间，水稻品种增加了49.89%。这反映了清代水稻品种的丰富，也反映了乾隆以后水稻品种的发展。

在这5 140个水稻品种中，籼粳稻品种为3 715个，糯稻品种为1 425个。除去同种异名的品种1 437个、历史品种677个、国内引种的品种199个，清代新出现的品种实有2 827个。这些品种在生长上有早、中、晚的不同，谷壳有红白、大小的不同，芒有有无、长短的不同，米有坚松、赤白、紫乌的不同，味有香否、软硬的不同，性有温凉、寒热的不同。这些形形色色的品种，不仅反映了清代水稻品种的丰富，同时也为当时不同的土地利用，稻田耕作制的改革，以及满足人们对不同水稻的特殊需要提供了丰富的品种资源。

在这些丰富的水稻品种资源中，不少是清代新选育的具有优良品质和特异性状的品种，下面按不同特征分别叙述。

（一）生育期特征

有特早熟的品种，如江西峡江县的五月早，“小暑前即熟”；永丰县的分龙早，“自插六十余日即熟”；建昌府的五十日糯，“最早熟”，农家赖于济青黄不接，或被水害后补种之需。有特迟熟的品种，如浙江安吉的落马籼，“收最迟”；湖南常宁的冬占，“有领极迟”；江苏高邮的大晚稻，“刈获最迟”。

（二）株型特征

有矮秆型品种，如浙江安吉县“秆甚短”的矮脚糯；浙江嘉善“稻本短小，收成独好”的闲人忧；广东恩平的白仔；江苏“稻秆最短”的矮脚八哥。有高秆型品种，如四川南溪的鸭望恼，“茎高可四尺，以鸭望而不得啄故名”。

（三）穗型特征

有大穗型品种，如浙江兰溪的三百粒，“一穗得谷在三百粒内外”；寿昌县的五百粒，“其穗约有谷五百余粒”。有密穗型品种，如河南光山县的辫子晚，“穗长，粒密亦耐旱”；江苏江阴市的辫禾晶稻，“穗甚密，颗稍圆细，宜腴田”。

（四）粒型特征

有大粒型品种，如湖南永州府“谷形如豆”的豆子糯；云南景东县的大粒糯；江苏太仓州“粒大而皮薄”的鹅管白；苏州府“粒大无芒”的川粳糯；江西会昌县“米粒肥大而圆”的芒叶早等。有长粒型品种，如浙江寿昌县“谷三粒，得长一寸”的三粒寸；贵州黎平府的四可寸。

(五) 米质特征

有芳香型品种，如湖南“异香扑鼻，味甘而水”的香大禾；江苏金匮县（现归属无锡市）“粒肥而香饭作桃花色”的香红莲；云南景东厅的大香糯：江西修仁“味极香，高年食之益寿”的蓝禾；重庆巴南的七里香糯；台湾“用少许杂米中做饭，味极香美”的过山香。有洁白型品种，如台湾苗栗县“粒大，米白如粉”的白米粉；四川威远“米甚白”的牛眼白；江苏苏州“粒莹白如水晶”的水晶糯；福建尤溪“颗大纯白”的半溪秫。有出米率高的品种，如浙江嘉善的女红稻，“一石可舂九斗五升”；安吉州的六升谷，“斗谷可舂米六升”。有特别宜酿酒的品种，如广东灵山的大粳懦，“作酒甚芬”；江西峡江的社节糯，“酿酒香洌胜他糯”；湖南的石子糊，“酿酒多，不化糟”；浙江缙云的红米糯、孝丰的老来变，“酿酒最佳”；江西万载的种，“粒长，酿酒倍多”。有特别宜煮粥的品种，如上海的白花珠，“性软而香，作糜和润香滑”，江苏苏州的薄十分，“作粥易腻”。有宜作糕饼的品种，如广西郁林的三秕精，“作饼饽最宜”。有滋补、治病作用的品种，如江苏常熟的血糯，“能补心血”；江苏江阴的呕血橘，“米谷俱红，可治血症”。

(六) 肥料反应特征

有耐肥型品种，如四川乐至县的五子堆，“茎劲耐肥”；贵州遵义的乌稍占、至笨籼、大南粒，“必肥田可栽”；四川黔江区大贵阳籼也“必肥田可栽”。有耐瘠型品种，如江西靖安县瘦田占；浙江小萧山的瘦八尺，“虽瘦土面苗甚长”。

(七) 抗逆特征

有特别耐旱的品种，如江西建昌的龙牙占，“耐旱易培，农人利之”；广东省西永宁的早占，“性耐燥，虽早亦熟也”；河南光山的黑壳谷；上海松江的沙糯，“性硬耐旱”。有耐涝品种，如上海松江的一丈红，“绝耐水”；台湾的大伯姆，“种于洼下之田，水高一尺则长一尺，水不能浸”：江苏江阴的长水红，“极涝不伤”；浙江嘉善的白芦籼稻，“其性如芒，不畏水淹”；江苏宝应的观音柳，“苗强，水不易没，农多种之”；湖北汉川的青占，“能耐箱，俗谓之泗水长，水深尺余，尚可栽插”；浙江山阴的料水白，“虽遇水潦，辄能长出水上”；河南光山的深水晚，“性耐水，能从深浸抽出水面”。有耐风雨品种，如广东石城有“不惧风”的牛秥；湖南新宁的红边黏，“由中久雨不生芽”。有耐寒型品种，如广东灵山的南京早，“山谷、塘田，水气寒冷，多莳此种”；浙江兰溪的小叶，“宜寒水”；贵州的冷水谷，“谷最耐寒”；重庆南川的香稻，“宜种高寒地”；江西万载的铁脚黏，“性耐寒”。有耐盐碱品种，如福建泉州的乌芒，“卤地之尤咸者宜之”；台湾的格仔谷，“不畏盐水，宜盐田”。有抗倒伏品种，如浙江山阴的健脚青，“熟时茎挺，而色犹青”；浙江归安的铁秆糯，“稻熟则穗重，惧其仆地，此特立不倒”；江西会昌的铁脚撑，“茎粗大而劲，疾风猛雨不倒卧，言其脚如铁也”。

（八）抗虫、禽、兽害特征

抗虫害的品种有四川乐至的乌兜黏，“植数株可避虫”；广东花都的雷州黏，“性粗生，不畏蟊贼”。抗禽害的品种有河南光州的卡鸡糯；江西九江的哽鸡糯；广东阳春的长须糯，“以须长棘口，鲜禽兽耗也”；四川威远的鸡哽谷，“以毛长，鸡不便食故名”。抗兽害的品种有江西长宁的山猪畏；广西的大毛稻，“领芒及寸，树于村边以防猪践食也”；福建建阳的野猪愁，“芒长二三寸，野猪忌之”。

另外，还有茎秆宜搓绳、织履的品种，如湖南浏阳的黑节糯，“茂而寡实，秸可织履”；江苏江阴的乌头稻，“性柔，秆粗，可织履”。

二、地方畜禽品种

据《中国家畜家禽品种志》记录，传统畜禽品种有数百种之多。下面仅以猪品种为例。

中国的地方品种猪大致可以分为华北型、华中型、华南型、西南型、江海型和高原型六大类型。六种品种类型有着不同的产品性能和体格特征，在长期的生活和生产过程中，由于各地的气候、环境、资源的丰裕程度、饲养方式的不同，各地出现了很多的地方品种。

华北型猪的典型代表有东北民猪、八眉猪和黄淮海黑猪等；华中型猪有浙江的金华猪、广东的大白花猪、湖南的宁乡猪以及分布于湖北、湖南、江西和广西的华中两头乌猪等；华南型猪有云南的滇南小耳猪、福建的槐猪、广东的海南猪等；西南型猪种有分布于四川的内江猪、荣昌猪，贵州的关岭猪，云、贵、川三省接壤的乌金猪和川、鄂、湘、黔四省接壤的湖川山地猪等；江海型猪有分布于今天的太湖流域的太湖猪、湖北的阳新猪、浙江的虹桥猪、台湾的桃园猪等；

高原型猪以藏猪为主要代表，分布范围相当广泛。

这些猪品种中，各自具备一些优良的产品性能，如太湖猪、金华猪、大白花猪和民猪等，它们或者以繁殖力高居世界首位而闻名于世，或者以肉质优良和善于利用青饲料等性能而名扬中外。这些品种类似国外的一些培育品种，同时具备了一些国外猪种没有的优点。

第三节　工程类农业文化遗产

在新石器时代后期至奴隶社会前期，我国劳动人民就开始控制和利用水资源，春秋战国和汉代是我国水利大发展时期。主要的农田水利工程包括河渠、潴蓄（陂、堰、塘等）、堤防等类型，井灌、沟洫等农田排灌技术也流传甚广。

一、都江堰

都江堰水利工程在四川省都江堰市城西，建于公元前256年，是世界上迄今为止年代最久、唯一留存的以无坝引水为特征的宏大水利工程。都江堰水利工程创建时的鱼嘴分水堤、飞沙堰溢洪道、宝瓶口引水口三大主体工程和百丈堤、人字堤等附属工程，科学地解决了江水自动分流、自动排沙、控制进水流量等问题，消除了水患，使川西平原成为“水旱从人”的“天府之国”。2 000多年来，一直发挥着防洪灌溉作用。

都江堰水利工程充分利用当地地形西北高、东南低的特点，根据江河出山口处特殊的地形、水脉、水势，因势利导，无坝引水，自流灌溉，使堤防、分水、泄洪、排沙、控流相互依存，共为体系，保证了防洪、灌溉、水运和社会用水综合效益的充分发挥。其最伟大之处是建堰2 000多年来经久不废，至今仍发挥着重要的作用。都江堰的创建，以不破坏自然环境，充分利用自然资源为人类服务为前提，变害为利，使人、地、水三者高度协调统一，成为世界最佳水资源利用的典范。

都江堰水利工程历史悠久、规模宏大、布局合理、运行科学，与环境和谐结合，在历史和科学方面具有突出的普遍价值，于2000年在联合国世界遗产委员会第24届大会上被确定为世界文化遗产。

二、吴塘陂

吴塘陂，又称吴塘堰，位于今安徽省潜山县境内，是一座具有1 800余年历史的水利工程，至今依然发挥着水为民利的功能价值。吴塘陂的创始人是东汉末年的刘馥。史书记载吴塘陂修建的目的是“灌稻田”和“大开稻田”。

吴塘陂作为水利工程不断进行维修和扩建。隋开皇十八年(598年)，梁慈即主持“改建并扩大吴塘堰沟渠”的工程。明嘉靖元年(1522年)安庆知府胡缵宗为扩大吴塘陂的灌溉面积和灌溉质量，在修建乌石陂石坝的同时，又新开凿了吴塘陂的石渠。明万历二十九年(1601年)，潜山知县于廷采对陂、渠重新修整，为便于陂水流畅，同时筑了三条水渠。清康熙元年(1662年)潜山知县常大忠于吴塘上里许筑新堤，起新闸，迁吴塘陂于谷水、潜水两河冲口处，由于“春流涨溢，堰狭弗受不二年而崩溃为田害”，以致康熙十年(1671年)，浩山知县周克友“得坚土处另为石闸”，吴塘陂原址又有所迁移。

1949年以后，引水灌田的吴塘陂，再次得到改建和修整、扩建。1958年扩建成高2.25米、宽1.5米双孔浆砌石拱闸，闸外又建成近200米的拦沙堤，解除了闸口淤积，改善了引水条件。20世纪70年代，又自吴塘陂进口延伸干渠200米至上游莲子岩，凿通了长42米、高2米、宽4米的进水隧洞，建成双孔钢筋混凝土闸，排除了洪水对吴塘陂的威胁，减轻了流沙淤积，保证了堤坝的安全。同时，在灌渠上建跨水槽三座，泄洪闸八座。存在于人间1 800余年的吴塘陂又获新生，今天依然是潜山县的主要水利工程之一。

三、芍陂

芍陂位于今安徽省寿县境内，由春秋时期楚相孙叔敖于楚庄王十七年(前597年)左右主持修建，是我国最早的蓄水灌溉工程。芍陂因水流经过芍亭而得名。工程位于大别山北麓余脉，其地形东、南、西三面地势较高，北面地势低洼，向淮河倾斜。每逢夏秋雨季，山洪暴发，形成涝灾；雨少时又常常出现旱灾。当时这里是楚国的北疆农业区，粮食收成的好坏，对当地的军需民用关系极大。孙叔敖根据当地的地形特点，组织人民将东面积石山、东南面龙池山和西面六安龙穴山流下来的溪水汇集于低洼的芍陂之中；修建五个水门，以石质闸门控制水量，“水涨则开门以疏之，水消则闭门以蓄之”，不仅天旱有水灌田，又避免水多时洪涝成灾。后来又在西南开了一道子午渠，上通淠河，扩大芍陂的灌溉面积，使芍陂达到“灌田万顷”的规模。

芍陂建成后，使安丰一带每年都能收获大量的粮食，并很快成为楚国的经济要地。楚国因此强大起来，打败了当时实力雄厚的晋国，楚庄王也一跃成为“春秋五霸”之一。300多年后，楚考烈王二十二年（前241年），楚国被秦国打败，考烈王便把都城迁到安丰，并把寿春改名为郢。这固然是出于军事上的考虑，但更关键的是由于水利奠定了这里重要的经济地位。芍陂经过历代的整治，一直发挥着巨大效益。东晋时因灌区连年丰收，遂改名为“安丰塘”。如今芍陂已经成为淠史杭灌区的重要组成部分，灌溉面积为4万余公顷，并有防洪、除涝、水产、航运等综合作用。为感戴孙叔敖的恩德，后人在芍陂等地建祠立碑，称颂和纪念他的历史功绩。1988年1月国务院确定安丰塘（芍陂）为全国重点文物保护单位。

四、坎儿井

坎儿井是与横亘东西的万里长城、纵贯南北的京杭大运河齐名的我国古代三大工程之一，是伟大的地下水利灌溉工程。坎儿井是一种特殊的水渠，古称“井渠”，至今已有2 000多年的历史，是干旱地区取用地下水的一种渠道，主要分布在新疆东部博格达山南麓的吐鲁番和哈密两个地区。

坎儿井的历史源远流长，汉代在今陕西关中就有挖掘地下窖井技术的创造，称“井渠法”。汉通西域后，塞外乏水且沙土较松易崩，就将“井渠法”传授给了当地人民。后经各族人民的辛勤劳作，“井渠法”逐渐趋于完善，发展为适合新疆自然条件的坎儿井。坎儿井由竖井、暗渠、明渠和涝坝（一种小型蓄水池）四部分组成，引地下潜流灌溉农田，在干旱风沙区具有水行地下、减少蒸发、防止风沙、不用动力和自流灌溉的特点。坎儿井自汉代形成雏形后，逐渐传到中亚和波斯一带。

吐鲁番现存的坎儿井多为清代以来陆续兴建的。据史料记载，由于清政府的倡导和屯垦的需要，坎儿井曾得到大力发展。坎儿井并不会因气候炎热、狂风而使水分大量蒸发，因而流量稳定，保证了自流灌溉。现存最古老的坎儿井是吐尔坎儿孜，至今已使用了470多年，全长3.5千米，日水量可灌溉1.33公顷土地。坎儿井使火洲戈壁变成绿洲良田，也满足了人畜饮水需求，被誉为“沙漠生命之泉”。

现在，由于新修了大渠、水库，打深井取水，加上管理不佳，坎儿井坍塌严重，数量大减，输水量减少，控制灌溉面积尚不足原来的一半。据新疆维吾尔自治区坎儿井研究会统计，20世纪50年代末全疆共有坎儿井1 784条。到2003年，全疆有水坎儿井仅剩614条，平均每年有23条坎儿井干涸。照此速度，这项古老的水利设施将成为历史遗迹。目前，世界上的坎儿井多数分布在北非、中亚一些干旱沙漠地带的40多个国家和地区。

五、郑国渠

郑国渠于公元前246年由韩国水工郑国主持修建，它西引泾水东注洛水，长达150千米，是我国古代规模最大的一条灌溉渠道。郑国渠充分利用关中平原地形，将干渠布置在平原北缘较高的位置上，不仅最大限度地控制灌溉面积，而且形成了全部自流灌溉系统，可灌田26.67万公顷。郑国渠的建成极大地推动了秦国农业的发展，增强了秦国的经济实力，为秦统一六国打下了坚实的经济基础，并且为关中平原在汉、唐等历史时期的繁荣奠定了很好的经济基础，催生了古代黄河流域灿烂的文明。

郑国渠首开引泾灌溉之先河，秦以后历代继续在这里完善其水利设施，先后历经汉代的白公渠、唐代的三白渠、宋代的丰利渠、元代的王御史渠、明代的广惠渠和通济渠、清代的龙洞渠等渠道，至今造益当地。汉代有民谣："田於何所？池阳、谷口。郑国在前，白渠起后。举锸为云，决渠为雨。泾水一石，其泥数斗，且溉且粪，长我禾黍。衣食京师，亿万之口。"称颂的就是引泾工程。1929年，陕西关中发生大旱，引泾灌溉，急若燃眉。我国近代著名水利专家李仪祉先生临危受命，在郑国渠遗址上修建了郑国渠的第六代工程泾惠渠。

2 000多年来，郑国渠为促进关中农业生产发挥了巨大作用，现在这里仍是我国重要的粮棉生产基地。郑国渠在水利灌溉和治水工程技术上有许多发明和创造，其无坝自流、"横绝"工程技术以及淤地压碱等设计思想，为后世水利工程的设计提供了丰富的经验。其设计的拱形地下渠道避免了渠岸两壁黄土因进水口水量大、流速快导致的崩塌现象，不易塌陷，极大地提高了郑国渠渠首的质量。此外，为了便于施工和掌握水流方向、深浅，便间隔一段开凿一井，俗称"龙眼"或"天窗"。据考古证实，陕西省泾阳县西北25千米的泾河北岸王桥镇尚保存有郑国渠渠首遗址。

六、宁夏古灌区

位于今宁夏回族自治区的古代引黄灌区，创始于西汉元狩年间（前122—前117年）。《汉书·匈奴列传》说："自朔方（郡治在今内蒙古自治区乌拉特前旗，黄河南岸）以西至令居（今甘肃省永登县西北），往往通渠，置田官。"《魏书·刁雍传》载，在富平（今吴忠市西南）西南15千米有艾山，旧渠自山南引水。北魏太平真君五年（444年）新开渠道向北20千米合旧渠，沿旧渠40千米至灌区，共灌266 667公顷，史称艾山渠。灌田时"一旬之间则水一遍，水凡四溉，谷得成实"。唐代宁夏引黄灌渠有薄骨律渠、汉渠、胡渠、御史渠、百家渠、光禄渠、尚书渠、七级渠、特进渠等。元代有秦家渠、蜘蛛渠等。明代有铁渠、新渠、红花渠、良田渠、满答喇渠（都是唐代的唐徕渠支渠）、石空渠、白渠、枣园渠、中渠、夹河渠（以上在今中卫）、羚羊角渠、通济渠、七星渠、贴渠、羚羊店渠、柳青渠、胜水渠（以上在今中宁）等各渠出现。清代开大清渠、惠农渠、昌润渠，以上三渠和唐徕渠、汉延渠合称河西五大渠。民国年间，宁夏灌区分为河东区、河西区和青铜峡上游的中卫、中宁区。1936年时共有支渠近3 000条，干渠总长1 300千米，灌田12万公顷左右。

2 000多年来，宁夏灌区在特定的自然条件下创造和发展了一套独特和完整的水利技术。在引水工程中采用无坝取水形式，多用分劈河面约1/4的垒石长（坝）导河水入渠。闸前渠道也很长，多有长5 000多米的。在闸前渠道上设有堰顶略高于正常水位的滚水石堰，称为"跳"，渠水位过高则自动溢流，此下另设退水闸多座，再下则是引水正闸。正闸以下，渠两岸长堤也称坝。支斗渠口多为分水涵洞或闸门，称作陡口。不同高程的渠道相交多建木渡槽，称为飞槽。横穿渠道的泄洪和退水的涵洞，称作阴洞、暗洞或沟洞。渠道疏浚时常使用埽工封堵渠口，即今之草土围堰，也用以修筑护岸、桥、涵、闸等的护坡，以及临时性的拦水工程等。工程岁修时还采用埋入渠底的底石作为渠道清淤的标准。测水位则用木制的刻字水则。入冬后以埽塞渠口称"卷埽"，至清明征夫岁修清淤，立夏则撤埽"开水"。"开水"后先关闭上游支渠斗口逼水至"梢"（渠尾），称"封水"，同时防冲决堤岸。上游各斗口仅留一二分水，称"依水"。水至"梢"后，就自下而上逐次开支渠浇灌，灌足后再逼水至"梢"，重新进行一轮封、依、灌。大致立夏至夏至头轮水浇夏田，二轮水立秋至寒露浇秋田，三轮水自立冬至小雪为冬灌，提高土壤墒情，预备来年春耕。夏秋两季能及时浇三四次的，就可以丰收。如农田起碱时，有时于春秋开水洗碱，或三四年中种稻一次洗碱。

七、塘浦圩田系统

太湖流域的塘浦圩田系统是为解决滨湖湿地洪涝问题而修建的，使水乡泽国改造成为需排自如、稳产高产的沃土良田，在我国水利史上可与四川都江堰、关中郑国渠媲美。塘浦（溇港）圩田系统是太湖流域桑基圩田、桑基鱼塘的重要基础，是孕育春秋吴越文化的摇篮，对促进太湖流域经济发展起了重要的推动作用。塘浦圩田系统萌生于春秋战国时期，唐宋时期逐渐发展，五代吴越时期臻于完整和巩固。自北宋消灭吴越以后，太湖塘浦圩田系统就开始衰落，大圩古制解体。南宋稍有恢复，元明清时期溇港圩田、桑基圩田（鱼塘）快速持续发展。

塘浦圩田系统将浚河、筑堤、建闸等水利工程措施统一于圩田建设过程中的较高形式的圩田体系，既是田制的一种形式，也是农田水利发展的一种新形式。“塘”和“浦”分别是圩内横向和纵向的排灌沟渠。系统内水网有纲，港口有闸，水系完整，堤岸高厚，达到了治水与治田结合，治涝与治旱并举。塘浦圩田系统这种治水治田融为一体独特的农田水利形式，蕴涵着巨大的科学内涵和技术价值，充分体现了我国古代劳动人民改造自然的伟大智慧和创造力。目前，太湖南岸湖州地区的溇港圩田系统仅有少部分保存至今且相对完好。1991年尚保存完整的73条塘浦圩田系统目前已减至50多条，但仍与太湖紧密相通，加之有5条骨干横塘的连接，使该系统至今仍发挥完好的行洪、通航等作用。

第四节　技术类农业文化遗产

一、发展历程

从农业发展历史进程的角度，农业可以划分为原始农业、传统农业和现代农业等不同的历史形态。使用木、石、骨、蚌类农具，刀耕火种，撂荒耕作制，是原始农业生产工具和生产技术的主要特点，它基本上与考古学上的新石器时代相始终。

传统农业以使用畜力牵引或人力操作的金属工具为标志，生产技术建立在直观经验的基础上，以铁犁牛耕为其典型形态。我国在4 000多年前的夏朝进入阶级社会，从此，我国农业逐步进入精耕细作的传统农业阶段。

夏、商、西周、春秋是精耕细作的萌芽期，黄河流域的沟洫农业是其主要标志。中国历史上的青铜时代，以青铜器制作农具为主要特征，开垦用的青铜䦆和中耕用的钱（青铜铲）和镈（青铜锄）逐步应用于农业生产，当然，青铜制作的农具数量占少数，大量使用的还是各种木、石、骨、蚌农具，尤其是木质耒耜，仍然是主要耕播工具。人们较大规模地在河流两岸的低平地区开垦耕地，为了防洪排涝建立起农田沟洫体系。用耒耜挖掘沟洫，使两人协作的耦耕方式成为普遍的劳动方式，沟洫和与之相联系的田间道路把农田分为等积的方块，为井田制的实行提供了重要的基础。耒耜、耦耕和井田制三位一体，成为中国上古农业的重要特点，也是中国上古文明的重要特点。与此相联系，垄作、条播、中耕技术出现并获得发展，选种、治虫、灌溉等技术也开始出现，休闲制逐步取代了撂荒制。为了掌握农时，人们除了继续广泛利用物候知识外，又创造了天文历。总的来说，这一阶段的农业虽然还保留了它所脱胎而来的原始农业的某些痕迹，但工具、技术、生产结构和布局都有很大进步和变化，精耕细作技术已在某些生产环节中显现。

战国、秦汉、魏晋南北朝是精耕细作技术的成型期，主要标志是北方旱地精耕细作体系的形成和成熟。大约从春秋中期开始，中国步入铁器时代，奴隶社会也逐步过渡到封建社会，并在秦汉时期形成中央集权制的统一帝国，全国经济重心在黄河流域中下游。中国特有的二十四节气形成，传统知识体系趋于完善。施肥并改良土壤受到了重视。铁农具的普及和牛耕的推广带来生产力的飞跃，犁、耙、耱、耧车、石转磨、翻车、扬车等新式农具纷纷出现，黄河流域农业获得较全面开发，大型农田灌溉工程相继兴建。连种制逐步取代了休闲制，并在此基础上形成灵活多样的轮作倒茬模式，土地生产率进一步提高，能够支撑更多的人口。在黄河流域一带以防旱保墒为中心，形成了耕—耙—耢—压—锄相结合的旱地耕作体系。这一体系在魏晋墓室中有形象的反映。魏晋南北朝时期，南方的开发由于中原人口的大量南移进入新的阶段，精耕细作传统向南方传播，各地区各民族农业文化的交流在特殊条件下加速进行。作为反映这一时期农业技术的见证，先后出现了《吕氏春秋·士容论·任地》等4篇关于农业的著述和《氾胜之书》《齐民要术》等农书。

隋、唐、宋、辽、金、元是精耕细作技术的进一步发展时期，主要标志是南方水田精耕细作技术体系的形成和成熟。建立在南方农业对北方农业历史性超越基础上的全国经济重心的南移，是中国封建时代经济史上的一件大事，它肇始于魏晋南北朝，唐代是重要转折，至宋代进一步完成。"灌钢"技术的流行提高了铁农具的质量，而曲辕犁的出现标志着中国传统犁臻于完善。唐代水田耕作农具、灌溉农具等均有很大发展。在此基础上，水田耕作将北方的耕—耙—耮—压—锄改进成为耕—耙—耖—耘—耥相结合的体系。这一时期南方小型水利工程星罗棋布，太湖流域的塘浦圩田形成体系，梯田、架田、涂田等新的土地利用方式逐步发展起来，高产的水稻不断培育出来，加上雨热同季的气候特征，使当地粮食自给有余并向外部输出。水利体系初步建立，大大提高了灌溉的效率。复种虽然在这以前已有零星出现，但直到宋代才有了较大发展，其标志是南方（主要是长江下游）水稻和麦类等"春稼"水旱轮作一年两熟制度的初步推广。通过施肥来补充和改善土壤肥力也被进一步强调。农作物品种，尤其是水稻品种更加丰富，农业生产结构也发生了重大变化。水稻跃居粮食作物首位，小麦也超过粟而跃居次席，苎麻地位上升，棉花传入长江流域，茶树、甘蔗等经济作物也有发展。传统农区和半农半牧区的大牲畜饲养业由极盛而渐衰，耕牛因为与农业关系密切而继续受重视，猪、羊、家禽饲养技术仍有发展，但养殖的规模总体上没有太大的提升，养鱼业有新的发展。这一时期农业科技发展的新成就、新经验也得到了总结，陈旉《农书》、王祯《农书》以及《农桑辑要》是此阶段的主要代表作。

明清时期是精耕细作深入发展时期，主要特点是为了适应人口激增、耕地紧张的困局，土地利用的广度和深度达到了一个新的水平。由于封建地主制的周期性自我调整，明清封建经济总体上有所发展。国家统一、社会空前稳定、精耕细作技术的推广等因素促进了农业生产的发展，为人口的增长提供了必要的物质基础；而人口的空前增长又导致了全国性的耕地紧缺，以致在粮食单产和总产提高的同时，每人平均占有粮食数量却呈下降趋势。为了解决民食问题，人们一方面千方百计开辟新的耕地；另一方面致力于增加复种指数，提高单位面积产量，更充分地利用现有农用地。内地荒僻山区、沿江沿海滩涂、边疆传统牧区和少数民族聚居地区成为主要垦殖对象。传统农牧分区的格局发生了重要变化，一些先前非种植的土地得到开垦，在耕地面积有了较大增长的同时，也对森林资源和水资源造成了破坏。长江河床抬高，江水遭到阻碍，一遇洪水，即开始泛滥，加剧了水旱灾害。

这一时期江南地区的稻麦两熟制已占主导地位，双季稻的栽培由华南扩展到华中，南方部分地区还出现了三季稻栽培，目的是提高单位土地面积上的粮食产量。在北方，两年三熟制或三年四熟制已基本定型。为了适应这些复杂的、多层次的种植制度，品种种类、栽培管理、肥料的积制和施用等技术均有发展。低产田改良技术有新突破。在江浙和广东某些商品经济发达地区，出现陆地和水面综合利用、农—桑—鱼—畜紧密结合的基塘生产方式，形成了资源利用高效的农业生态系统。然而农业工具却甚少改进，原因是人口增加，劳动力没有其他出路，限制了工具效率提升的空间。原产美洲的玉米、甘薯、马铃薯等高产作物的引进和推广，为我国人民征服贫瘠山区和高寒山区，扩大适耕范围，缓解民食问题做出了重大贡献；但同时也在某种程度上带来了新的问题，即放大了多子多福的错觉，促成了学者们所总结的高水平的均衡现象，将食物与人口的紧张关系推向了一个更高的层次。

这一时期，总结农业生产技术的农书很多，大型综合性农书以《农政全书》《授时通考》为代表，地方性农书如《补农书》《知本提纲》《豳风广义》等具有很高价值，代表了中国传统农业科学技术的最高水平。

二、主要类型及其特点

（一）土壤肥力保持技术

精耕细作、用地与养地相结合是中国传统农业的精髓。在数千年的农业实践中，中国古代农业没有使用化肥，在没有依靠外来化学物质投入的基础上，在人口不断增长、人均耕地不断减少的条件下，实现了“地力常新壮”，成为世界古代文明起源国中极少数没有出现地力衰竭的国家之一。中国的传统农业对土壤可持续利用的经验深受世人推崇，美国农业土壤学家F. H. 金(F. H. King)曾经非常明确地指出：“中国传统农业在没有外来现代投入的条件下，能够持续数千年而地力不衰竭，其秘诀在于实施了‘无废弃物的农业’。”其特点可以概括为以下四个方面。

一是农业内部物质的循环利用。中国传统农业是一个没有废物生产的系统。农户生态系统是“小而全”的结构单元，物质循环比较完整，几乎所有的副产品都被循环利用，以弥补农田养分输出的损耗。草木灰肥及其他农家肥约从刀耕火种的原始农业诞生以来就为农民所使用；西周时代开始使用绿肥和人畜粪肥及其他农家肥；春秋战国时已经懂得施肥“可以美土疆”（《礼记·月令》）和“多粪肥田”（《荀子·富国篇》）的道理；宋代提出了“地力常新壮”的理论；明清时期传统施肥理论和施肥技术已经十分成熟，油料作物籽实榨油后形成的饼肥使用日益受到重视。直到今天，中国不少农村还在大量使用这些农家肥，如杂草、树木枯枝败叶、秸秆和骨头、羽毛等生活垃圾以及粪便通过堆肥还田，油料作物籽实榨油后的麸饼用作禽畜饲料后过腹还田，烧饭剩余的草木灰，乃至厨房泔水等也被用作肥料肥田。

二是肥料积制及类肥的循环使用。传统农业主要的肥料积制技术，包括杂肥（杂草等）沤制、厩肥堆制（踏粪法）、饼肥发酵、火粪（土杂肥草木灰）烧制、粪单配置等方法。有些方法原理对今天发展有机复合肥乃至形成有机肥产业仍有启发意义。距今约3 000年前的商代就可能有使用人粪的经验。在战国时期，随着农业从休闲制转向连作制，使用农家肥已经相当广泛。先秦诸子都有文字涉及“粪田”。秦汉时期有将人用的厕所和猪圈建在一起的陶器，并有了堆沤加工肥料的实践；在使用方法上，已经用作种肥、基肥和追肥。明清时期更有煮粪和混合肥料的制作方法。

三是绿肥的生产与使用。中国农民在1 750年前就懂得在农田通过种植绿肥来达到肥田的目的。使用的绿肥包括苕草、绿豆、红花草、土萝卜等。农民还利用小麦和大麦压青。西晋时已出现苕草与水稻轮作的记载：“苕草，色青黄，紫华。十二月稻下种之，蔓延殷盛，可以美田。”（晋·郭义恭《广志》）南北朝时期，绿肥栽培利用技术已大量应用。明清时期，紫云英在南方得到大面积种植。

四是合理的耕作制度。合理的耕作制度是提高土地利用效率，维持土壤肥力的重要方法。春秋战国时期就有垄作方法种植大豆。公元前89年，汉代出现了在同一田内实行种植位置轮换的“代田法”，以及集中管理田间小区的“区田法”。此时在我国北方已经形成了禾—麦—豆的两年三熟种植制度。到魏晋南北朝，禾豆轮作制以及豆科绿肥同其他作物轮作的绿肥轮作制已相当普遍。绿肥轮作制主要有:稻苕轮作、葵绿豆轮作、谷绿豆(或小豆、胡麻)轮作。这种有意识地把豆科作物纳入轮作周期,提高土壤肥力的做法是我国古代轮作制的一大特点。唐宋时期江浙一带形成了稻麦两熟制,明清时期南方双季稻和三熟制以及北方两年三熟制的多熟制度已经相当普遍。这类多熟制度仍延续至今,在经济上和生态上均有明显的合理性。如在南方可以实行以水稻为主的一年多熟制,在季风气候条件下,水稻田可以减少水土流失,延缓有机物的分解速度,创造固氮蓝藻等生物固氮的条件;水稻和旱作作物的轮作可以熟化土壤,并减少病虫害的发生。稻田的耕作制还有实行稻—鱼、稻—鸭结合的系统,可以利用剩余的饲料和粪便维持稻田土壤肥力。

(二) 有害生物控制技术

在无化学农药的时代,先民们采取多种技术控制有害病虫,许多技术在今天发展有机农业、保障食物安全、保护生态环境等方面仍具有十分重要的现实意义。

一是生物措施防治技术,即利用生物间的相生相克关系和食物链原理防治病虫和草害。最有代表性的当属以下几个方法。

利用植物化感作用控制有害生物。比较典型的有:利用松、柏、钩吻(野葛)、食芹、桂花、芝麻、蚕砂、羊粪屎、石灰、牡蛎灰等可以使杂草减少;芝麻挂树上可以避蓑衣虫;用蚕粪作基肥或用芝麻沤肥也可以减少稻田虫害和杂草;小麦椿象可以通过种植芥和种麻驱除,还可以在种麦时混合芥子末来拌种。

以虫治虫。我国劳动人民以黄源蚁防治柑橘害虫的实践,是世界上以虫治虫最早的记载,见于晋代嵇含的《南方草木状》:“南方柑树若无此蚁,则其实皆为群蠹所伤,无复一完者矣。”我国民间长期以来还流传着利用红蚂蚁防治甘蔗条螟、甘蔗二点螟和甘蔗黄螟的经验。清代程岱葊最早在《西吴菊略·除害》中提到有意识利用螳螂除虫的方法。

青蛙食虫。青蛙是捕虫的能手,历史上一些有见识的官吏常常用行政的力量加以保护。《墨客挥犀》卷六记载沈文通曾在浙江钱塘禁捕青蛙,南宋赵葵《行营杂录》记载了马裕斋在处州禁民捕蛙的事实。

益鸟捕虫。《礼记·月令》载有禁止在早春时节探巢取卵、捕杀雏鸟的禁令;汉宣帝元康三年(前63年)曾下诏禁止在春夏鸟类繁殖的季节“摘巢探卵,弹射飞鸟”。晋代黄义仲《十三州记》说上虞县有雁为民田食虫除草,县官特别下令禁捕，违令者要处以刑罚。南宋孝宗时也提出过鸟类保护措施，说明保护鸟是我国古代生物防治的措施之一。

家禽治虫。利用家鸭防治害虫和有害动物是我国人民的一种创造。据明代霍韬记载，珠江三角洲农民利用家鸭防治稻田蟛蜞，稻鸭两利。陈经纶首创用家鸭防治稻田蝗蝻的经验，陆世仪等的除蝗著作都曾提到家鸭治蝗的经验。鸭子不仅能除蝗，而且能捕食稻田中的飞虱、叶蝉、稻蝽、黏虫、负泥虫等多种害虫，在珠江三角洲沙田地区还能起除草的作用。这一技术延续至今，已经形成稻鸭复合农业系统。

二是物理措施防治技术。比较有代表性的包括以下几个方法。

扑打。《汉书·平帝纪》记载，元始二年（2年）曾派使者捕蝗，人们捕得蝗虫交给官府，可按捕获数量给钱奖励，这是有关大规模人工捕蝗的最早记载。东汉王充《论衡·顺鼓》篇首次记载用掘沟阻隔、驱蝗入沟、聚而歼之的开沟除蝗法。汉以后古书中关于人工扑打的记载更多。

烧杀。用灯光或火光诱捕飞蛾等害虫，是长期使用的一种行之有效的方法。我国最早的训诂书《尔雅》《说文解字》都有以火焚虫的记载。《诗经·小雅·大田》篇中谈到除虫时也特别提到"秉畀炎火"，大概指利用趋光性烧杀害虫的方法。唐代以后还推广了灯光与开沟相结合的诱杀方法。

饵诱。用饵诱方法除虫的记载，首见于《齐民要术·种瓜》篇，书中引用汉代崔寔的话，说是将包过祭品的草把之类放置在瓜田四角，可以诱杀瓜中之虫。贾思勰本人则主张将带髓的牛羊骨放置在瓜苗左右，引蚁附骨后拾而弃之，重复数次则蚁害可除。地老虎幼虫可以通过翻耕暴露令天敌捕食，还可以用火捕诱成虫。

器械除虫。除虫的器械经历了从简单到复杂的过程。从用铁丝钩杀树孔内蛀虫，用木棍击落树上的尺蠖，用鞋底扑打蝗虫等简单的工具，逐渐发展成复杂的治虫器械。例如刘应棠的《梭山农谱》记载有一种专治稻苞虫的虫梳，是一种竹制的治虫工具，两边有齿均可利用，治虫效果好。

除上面所谈到的以外，先民们还经常用假人驱鸟，用胶粘鸟，用水覆盖稻种防鸟，用牛羊骨头诱杀瓜类虫和果树蚁虫，利用水沤或水烫防木材生虫等。

三是农业措施防治技术。早在春秋战国时代，农民就懂得调整或整合农业栽培措施，创造有利于作物生长发育而不利于病虫杂草繁殖的农田生态环境，从而达到避免或抑制病虫草害的目的。具体措施包括选择和利用农作物抗性品种，采取合理的复种轮作制度，对农田土壤和小气候条件进行必要的调控，采取人工捕捉害虫和灯光诱杀害虫等。

深耕翻土。春秋战国时期农民已经懂得利用耕作栽培措施防治虫害，从而达到“大草不生，又无螟蜮”（《吕氏春秋·士容论·任地》）的效果。《农政全书·蚕桑广类》也反复强调耕翻土地对杀虫的重要作用。

选育抗虫品种。选择抗虫作物和抗虫品种也是古代治虫法之一。贾思勰的《齐民要术》曾记载86个粟的品种，明确标明“有虫灾则尽”的有10个，免虫的有14个。

掌握农时。适时种植和适时收获也能防治病虫，如适时种植就能避免虫害，使麻“不蝗”，豆“不虫”，麦“不蚼蛆”（《吕氏春秋·士容论·审时》）。《氾胜之书》也强调了适时栽植的防虫作用，认为“种麦得时无不善”，宿麦（冬麦）早种则虫而有节。

耕除杂草。《种艺必用》认为，若不及时除草，则作物必为杂草所蠹耗，所谓“蠹耗”即包括虫害在内。《沈氏农书》更进一步认识到杂草是害虫越冬和生息的场所，强调了冬季铲除草根的除虫作用。

轮作换茬。《齐民要术》中提到通过合理的耕作制度来防治病虫。如通过减少施肥及中耕后晒田“炼苗”等措施防治水稻病害，或者积水过冬可以消灭虫害。《农政全书》认为种棉两年，翻稻一年，则虫螟不生，超过三年不还种则生虫害，明确提到轮作的作用之一是防虫。

控制温湿度。控制温度、湿度、光照防治虫害，也是行之有效的方法。在古代多用于收获物的处理和种子的预处理方面，例如王充《论衡》认为“藏宿麦之种，烈日干暴，投于燥器，则虫不生。如不干暴，闸喋之虫，生如云烟”。

四是非化学合成农药防治技术。前人利用的药物范围颇广，有植物性的，如嘉草、莽草、牡蘜、艾、苍耳、芫花等；有动物性的，如蜃灰、蚕矢、鱼腥水等；有矿物质的，如石灰、食盐、白矾、硫黄、砒霜、雄黄等。施用方法也多种多样，有的混入种子收藏，有的拌同种子种植，有的浸水或煮汁喷洒，有的熏烟，有的直接塞入或涂在虫蛀孔内，还有些是混合施用。水稻虫害防治还可以通过烟梗与草木灰混合施用或斜插烟梗于稻根来实现。麦类黑穗病盐水选种，用澄清的木炭水浸种一天或温汤浸种5分钟，也能收到很好的效果。

(三) 农业防旱技术

在我国北方,以黄河流域为中心,是中华民族文化的摇篮,也是农业生产的起源中心。由于那里气候干旱,西汉后期的“代田法”综合运用了轮作、耕作、筑畦、施肥、密植、中耕等一系列抗旱农业技术。古代由于自然、技术、经济条件的限制,绝大多数土地是缺乏灌溉的,所以从汉代起,经魏晋到南北朝,黄河流域的农业逐渐形成以耕、耙、耢、锄为中心,大量使用农家肥、保持水土、种植绿肥、轮作倒茬等用地养地相结合的耕作栽培技术。几千年来,我国劳动人民就是依靠这些技术有效防御了干旱等自然灾害。

代田法。在播种之前先将田地分成亩,再于亩中开沟起垄,将种子播在沟底。在幼苗生长期间,要进行多次中耕,同时把垄上土逐渐锄下沟,培壅到禾苗根部,到盛夏时节,垄逐渐削平,禾苗的根也扎得很深了。第二年整地时,再把去年做垄的地方开成沟,做沟的地方修成垄。这样沟、垄位置逐渐互换,故称之为“代田”。代田是针对西北干旱地区所推行的耕作法。把作物播种在沟中,沟底少风多阴,易于蓄水保墒,利于种子萌发。幼苗出土后长在沟中,能保证作物苗期健壮成长。中耕时除去田间杂草,疏松土壤,培土护苗有抗旱、保墒、防倒伏的作用。沟垄互易还能做到土地轮番使用,用地、养地兼顾。北方地区干旱多风,代田法因地制宜,增产效果显著。代田法曾发展到北方许多地区,甚至西北边郡也有代田。代田法是我国精耕细作技术的重要组成部分,其基本形式至今在旱地耕作栽培中仍有采用。

区田法。先把田地按一定长、宽度分成长方形町,町内再横开几条宽、深各一尺*的沟。掘出的土先置于沟旁,再把开沟时上面的熟土填入沟中,町中便形成一道道浅沟。沟间保持一定距离。种子要按照一定的行距和株距点播在沟中,不同作物的行、株距有所区别。带状区田适于平原地区,是代田法的引申和发展。区田形式虽不尽相同,但都是在小块耕地上,集中使用人力、物力,通过综合运用深耕、施用好肥、及时灌水、中耕等一系列精耕细作技术措施来达到抗旱、保墒、高产的目的。

抗旱耕作。早耕、深耕、多耕和混耕能够较好地蓄水保墒、熟化土壤、消灭杂草、扩大根系分布等,因而在雨季前和雨季中,能够使土壤疏松,防止地面径流,加速雨水下行到深层,割断毛细管水蒸发通道,尽量多地存蓄湿年和雨季

*一尺≈0.33米。

之水，让农田成为大小水库，从而起到抗旱保墒的作用。旱季农田含水量较低，当地表出现干土层时，毛细管上下已不连通，土壤水分主要以气态水方式运动，土越松、风越大，气态水蒸发越多。因此，保墒的任务是在旱季，使田里表土紧密细软，尽量防止水的蒸发。在伏秋耕基础上不春翻、冬春打碾、耙耱保墒是完成这一任务的重要措施。其中，耱地又称为耢地、盖地、擦地，主要作用是碎土、平地、轻压。1 400多年前，《齐民要术》中就已经肯定耱地能抗旱保墒。在干旱区，耱地是最有效的保墒方法。

此外，干旱成因之一是土壤蓄水保水力弱。因此，凡是能增强土壤蓄水保水力的措施都能抗旱。合理施用有机肥能够增加土壤中的有机质含量，有机质形成的腐殖质胶体具有亲水基，吸水量在500%以上，比矿物质胶体高10倍左右，因而能够提高土壤保水力；增施有机肥后，还能增加旱地耕层土壤水稳性团粒量和孔隙率，防止侵蚀和板结。因此，有机肥的合理施用也能够起到抗旱保墒的作用。

(四) 农业防冻技术

早在秦汉时期人们已经很注重田间管理，在防止冻害方面也积累了很多宝贵的经验。每年霜冻时节，人们时时留心起霜。半夜如果发现霜或白露降下，在天快亮时，由两人拉一条长索从庄稼上面掠过，扫荡掉积霜，直到太阳出来为止，庄稼即可免遭霜冻。实践证明，拉索起霜的确是减轻霜冻危害的有效方法。

(五) 农业生态系统结构优化与调控技术

中国传统农业非常讲究农牧结合，注重农林牧副渔全面发展。从春秋战国时期出现以家庭为单元的小型综合农业以来，这种以家庭经营为单位、重视衣食自给自足的复合农业生态系统一直占据着农业的主导地位。各个朝代都曾出现过不少规模较大、综合经营的庄园，至明清近代时期出现大量农林牧复合经营系统。这些都体现了以系统观点构建和优化农业结构，达到充分而合理利用自然资源，维护生态平衡的思想，实现各业互相依赖、互相促进，达到良性循环、整体优化的目的。下列复合农业系统即为其中的典型代表。

一是农田复种轮作和作物间种系统。中国传统农业以精耕细作、用地养地相结合为基本特征，充分利用时间和空间，提高土地生产力为目的的农田复种轮作制度源远流长，积累的宝贵经验对今后农业的发展具有直接的指导意义。传统农业充分利用作物对时间和空间差异的需求发展立体种植十分普遍，如“葱中亦种胡荽，寻手供食，乃至孟冬为菹，亦无妨”（《齐民要术·种葱》）。

二是农林复合系统。包括林（果）—粮食作物、林（果）—经济作物、林（果）—药材、林（果）—草等。传统农业中有多种仿森林多层次结构的农林复合系统。如茶树“畏日，桑下竹荫地种之皆可”（《四时纂要》）。明清时期广大茶叶产区在桑、杉、桂树等林间间种木薯、山芋、小麦等也是常见的农林复合系统。

三是农牧结合结构。主要有传统农区农民家庭饲养畜禽，也包括稻田养鸭、果园养鸡、果园养蜂等。如《沈氏农书》对农林牧互相依存、互相促进的关系有这样的论述：“今羊专吃枯叶、枯草，猪专吃糟麦，则烧酒又获赢息。有盈无亏，白落肥壅。”

四是农渔复合结构。我国的稻田养鱼历史至少可以追溯到汉代，古代稻田养鱼主要集中在自然水面少、稻田水源充足的山区，如浙江、四川、江西、贵州、福建、广西等山区，并发展至今。《魏武四时食制》有“郫县子鱼，黄鳞赤尾，出稻田，可以为酱”的记载，说明三国时期四川郫县已有小鲤鱼产自稻田。除了普通的稻田养鱼外，还出现了田塘结合、田凼结合、稻鱼轮作等稻田养鱼的模式，如长江流域和江南地区，早在汉代便在广大农区修筑了星罗棋布的陂、塘、水库，形成了田塘配套生产稻鱼的系统。

五是基塘系统。汉代陶水田模型所反映的田塘配合的布局还可视为江南水乡基塘生态系统的初级阶段。这种系统到了宋代已有明显的发展，与汉代的布局相比，增加了在塘基上种桑柘，桑柘下系牛等内容。到了明清时期又有新的创造。清代根据低洼地区的自然条件特点，首创了水陆互相促进、立体种养的基塘系统。在珠江三角洲，16世纪初就形成了著名的基塘系统，并逐步扩展。18世纪由于蚕丝贸易的发展，该地区的桑基鱼塘得到迅速发展。随着市场需求的变化，桑基鱼塘逐渐变化为果基、蔗基、花基、草基鱼塘。

六是庭院经济模式及庄园经济。古代农家向来重视庭院资源的综合利用，庭院常常是果蔬、花卉、禽畜、农产品加工（酿酒等）的场所。明末的《沈氏农书》介绍了不少农林牧加工业综合经营的庭院经济模式。即使在今天，这类复合种养模式仍在广大农区发挥重要作用。汉代以后中国就出现了坞堡、田庄等类似庄园的组织。六朝以后，南方的地方庄园经济得到了较大发展。此外,桑、茶、果、栗等许多多年生木本作物在传统农业中具有特殊地位,对美化环境、保持水土、防灾抗灾、增加收益都具有重要作用。

第五节　工具类农业文化遗产

农具的产生和发展是与农业的产生和发展同步进行并相互促进的。在原始农业时期,农业生产粗放,农具的制作水平相对较低,材料多为石、骨、蚌、木质,也有用鹿角制造而成的。种类可分为耕作、收割和加工三大类。耕作类大体有铲、耒、锄等;收割类包括刀、镰等;加工类最普遍的是石磨盘和石磨棒。

夏、商、西周时期的农具有所改进,但所用材料还是以木、石、骨等为主。当时已有青铜生产,但多用于武器、食器和礼器。到西周末年,用青铜制作的仅有一些中耕农具和收割农具等。这个时期农具的种类虽增加不多,效率也还不高,但为后来铁制农具的发展奠定了基础。

春秋战国时期由于冶铁业的兴起,中国农具史上出现了一大变革时期:铁制农具代替了木、石材料农具,从而使农业生产力有了质的飞跃。战国时期的农具绝大多数都是木心铁刃的,即在木器上套了一个铁制的锋刃,这就比过去的木、石质农具大大提高了生产效率。从考古出土的实物看,当时使用呈V形的铁犁头,有利于减少耕地时的阻力;铁(或作锸)可增加翻土深度;铁耨则可有效地用于除草、松土、覆土和培土。秦统一全国以后,特别是两汉以来,由于冶铁业的大发展,不但铁制农具更加普及,成为"民之大用",而且随着农业生产发展的需要,农具的种类增加,质量也大为提高。西汉中期以后,木心铁刃农具已被全铁农具所代替。随着牛耕的推广,耕犁也有所革新,除犁铧是全铁外,还创造了犁壁,更加有利于深耕和碎土。东汉时开沟用的巨型铧,重达15千克、长达40厘米。从汉代起,如翻耕用的犁,磨碎磨平土壤用的耱(或称耢),中耕用的锄和铲,收获用的镰、钩镰等农具都已出现,并逐步得到改进。至魏、晋、南北朝又有新的增益,如碎土保墒、平整土地用的耙就在此时出现。南北朝发明的耧车下端有3个耧脚,即3个开沟器,中间装有盛储种子的漏斗,播种时用牛拉车,边开沟边播种,速度既快,效果又好。灌溉器具的创造和改进也有重大意义。以前的桔槔主要利用杠杆作用,使用时不但费力,又不便于深井汲水和大面积灌溉。汉代创造的辘轳或称滑车，使汲水效率大为提高。翻车（龙骨水车）于西汉末年首先在宫苑池沼灌水使用，而后逐渐普及民间。东汉末年及三国魏时继续革新，利用齿轮带动链上的刮水板将水刮入车槽，以人力或畜力驱动，用于提水灌溉和排涝，效率远胜于过去的灌溉器具。东汉末年还出现了渴乌，即最早的虹吸管。

唐及五代时期，农具进步的最大表现是曲辕犁（又称江东犁）的出现。据晚唐陆龟蒙的《耒耜经》记载，江东犁由11个部件构成，犁铧和犁壁是由铁制的，其他则是由木制的，克服了以前直辕犁耕至田间地角时"回转相妨"的缺点，操纵便利，更适合于南方水田使用。另外一个优点是设有犁评，调节犁箭上下，改变牵引点的高度，可以控制犁地的深浅。这一时期还发明了立井水车，主要用于深井取水，也是利用齿轮原理。至于高转筒车，则是用许多竹筒连接、借助水力转动轮轴汲水入筒提至高处的装置，主要应用于长江流域。此外，在农产品加工方面，如风车的利用，舂米工具由杵臼到脚踏碓到水力碓的进步，特别是多个齿轮连带转动的连磨的利用等，都较过去大大提高了工作效率。

宋元时期，中国农具的发展无论在动力的利用、机具的改进，还是在种类的增加、使用的范围等方面，都超过了前代。北魏《齐民要术》记载的农具只有30多种；而元代王祯《农书》的"农器图谱"所载农具达105种之多，几乎包括了有史以来所有的农具，且附以精致插图。这时还出现了绳套和挂钩。绳套是把"一条杠"分解为两条绳索，可使牛耕的牵引力加大；挂钩是将动力机和工作机分开。这样，利用绳套服牛，犁身可大大缩短，回转方便，因而牛耕不但可用于水田、平地，且可用于丘陵山区。这时期还出现了犁床或犁辕上附有改进犁，可以清除芦苇杂草，便于垦耕。在水田生产中，则有平土用的刮板和中耕农具耘荡的应用。砘是一种土壤镇压器，它与耧车结合可以在播种后压实土壤，便于保墒。宋代在南方发明的秧马，则可减轻稻田生产中拔秧时弯腰的不适，降低了劳动强度。这一时期还出现了高效率的联合作业农具，如播种和施肥相结合的下粪耧种，由麦笼、麦钐、麦绰三部分组合而成的收割作业农具，一日可中耕1.33公顷的耧锄，以及一机多用的"水轮三事"等。农业动力上除使用人、畜力外，还较多地使用风力、水力来进行灌溉、排水和加工农产品。在金代出现的S形挂钩，中原地区已普遍应用。它改进了农具的动力和工作机的连接装置，改进了农业各工序上的农具如犁、耧、耙、砘、耘锄等，以及畜力、水力、风力等动力机构与工作机的联系，提高了利用效率。

明清两代的农具与元代相比没有明显的进步，基本上承袭前代。值得一提的是，明末曾出现绳索牵引的代耕架，可“坐而用力，往来自如”地进行垦耕。这一期间中国北方出现了露锄，南方则出现了塍铲、虫梳和除虫滑车等，反映了传统农业精耕细作的程度愈来愈高。同时，由于钢铁冶铸技术的发展，在农具部件的改进方面也有较大进步。

传统农具不仅具有遗产的价值，同时许多工具在今天的农业生产中，特别是在今天农户家庭联产承包责任制下仍然在使用，如曲辕犁、锄头等就是典型的代表。

第六节 文献类农业文化遗产

一、概述

农书是记载古代农业知识的载体，其内容以农业生产技术经验为主，兼及农业经营管理思想和农本思想。内容涉及农耕、园艺、蚕桑、畜牧、兽医、林木、渔业以及农产品加工等众多门类。

中国古代农书卷帙浩繁，内容丰富，在世界古代农书中占有重要地位。王毓瑚所著《中国农学书录》收录了542种，北京图书馆主编的《中国古农书联合目录》收录了643种，其中流传至今的有300余种，大体可分为综合性农书和专业性农书两大类。综合性农书从体裁看，有按生产项目编排的知识大全类农书，有按季节编排的农家月令类农书，也有兼有两者特点的通书类农书；从内容涉及范围看，既有全国性大型农书，也有地方性小型农书。专业性农书最早出现在相畜、兽医和养鱼等方面，晋、唐以后逐步扩展到花卉、农器、种茶、养蚕、种果树等方面。

二、不同时期的重要农业文献

最早的农书出自战国时代的农家学派之手，此后不断发展演变，形成了中国古代独特的农业文献体系。《汉书·艺文志》列农家著作9种，其中《神农》《野老》是战国时作品，已佚。现存最早的农书，是成书于公元前239年的《吕氏春秋》中的《上农》《任地》《辩土》《审时》4篇。前1篇讲的是农业政策；后3篇讲的是农业技术，内容涉及土地利用、农田布局、土壤耕作、合理密植、中耕除草、掌握农时等，是先秦时代农业技术的总结。文中提出种庄稼要处理好天、地、人的关系，强调在掌握天时地利的基础上发挥人的作用，是中国精耕细作农学传统理论的重要发端。此外，《尚书·禹贡》《管子·地员》是水平较高的关于农业地理和土壤学方面的著作。

秦汉至南北朝时期，中国农业的重心在黄河流域，农书也多产生于黄河流域，内容主要是旱作农业。这一时期的重要农书有《氾胜之书》《四民月令》和《齐民要术》。《氾胜之书》写于公元前1世纪，现仅存一些片段。它提出了"趣时、和土、务粪泽、早锄早获"这一旱地耕作的总原则。书中载有在小面积土地上深耕细作、集中施用水肥以求高产的"区种"法，还有田间穗选和粪汁、药物拌种的记载。公元2世纪崔寔著的《四民月令》，现今也只有辑佚本。它是农家月令书中最有代表性的著作，反映了东汉黄河流域地区生产经营的各项活动。公元6世纪贾思勰所撰《齐民要术》是中国现存最早、最完整的综合性农书，内容包括谷类、豆类、瓜类、蔬菜、果树、染料植物、药材的种植、管理，材用树木的栽培，蚕桑、畜禽、水产以及农产品的加工等。它系统地总结了黄河流域农业生产的经验，对北方旱地精耕细作技术体系作了精辟的理论概括，书中提出了"顺天时，量地利，则用力少而成功多"，按客观规律办事的农业生产准则，总结了耕、耙、耱、抗旱保墒、绿肥轮作、养用结合、留种田防杂保纯、果树嫁接、嫁树法提高坐果率、相畜术、果蔬保鲜、酿酒造酱等方面的经验。后世的王祯《农书》《农桑辑要》《农政全书》等农书均大体按其体例撰写。

隋唐时期，中国农业经济的重心逐渐转移到长江以南，重要农书有韩鄂的《四时纂要》。《四时纂要》约写成于唐末或五代初，它按月详细开列农村居民的农事与其他活动项目，是农村日用百科全书，曾对后世农家历的编纂产生过影响。隋唐时期专业性农书增多，比较重要的有陆龟蒙的《耒耜经》、陆羽的《茶经》、李石的《司牧安骥集》等。

两宋时期，南方水田农业得到较大发展，相应有适应水田耕作的农书问世，其中以陈旉《农书》为代表。该书主要叙述和总结江南农业生产和经营管理经验，是中国南方水田精耕细作技术体系形成的重要标志。书中提出"地力常新壮”的观点。主张集约经营,“量力而为”,“多虚不如少实,广种不如狭收”。在土地利用方面提出“相继以生成,相资以利用,种无虚日,收无虚月”的思想。宋代专业性农书有北宋秦观的《蚕书》等。

在元代,重要的农书有王祯《农书》《农桑辑要》《农桑衣食撮要》等。王祯《农书》包括“农桑通诀”(农业总论)、“百谷谱”(农业各论)和“农器图谱”三部分,内容涵盖北方旱地和南方水田的生产技术,并作比较分析。占全书过半篇幅的“农器图谱”载有各种农具、灌溉器械,兼及各种农田、仓廪、农车以至纺织工具等,并配有图。元代司农司编的《农桑辑要》和鲁明善写的《农桑衣食撮要》也是重要的综合性农书。畜牧兽医方面的专书有卞宝的《痊骥通玄论》等。

明清时期,精耕细作的技术体系继续推广和提高,农书的撰述也空前繁盛。在流传至今的农书中,属于这一时期的有200多种。地方性小农书也显著增多,著名的有浙江的《沈氏农书》和《补农书》,四川的《三农记》,山东的《农圃便览》,陕西的《农言著实》等。总结单项生产的农书大量涌现,有的内容很专业。如《理生玉镜稻品》记载水稻品种,《江南催耕课稻编》极力提倡在江南地区推广双季稻。经济作物专著有《烟草谱》《木棉谱》等,蚕桑方面有《湖蚕述》《豳风广义》,畜牧兽医方面有《元亨疗马集》等。其他园艺、花卉、种茶、养鱼等方面的农书也不少,养蜂、种菌、治蝗、放养柞蚕等都有专书。还有一些农书着重阐述农业生产技术的原理,如明代马一龙的《农说》,清代杨屾的《知本提纲》,标志着传统农学达到新的水平。

全国性综合农书中最重要的是刊刻于公元1639年的徐光启的《农政全书》。全书70多万字,包括农本、田制、农事(以屯垦为中心)、水利、农器、树艺(谷物、园艺)、蚕桑、蚕桑广(木棉、苎麻)、种植(经济作物)、牧养、制造、荒政,广泛吸收了历代的农事成就,总结了宋元以来的棉花及明代后期甘薯等的栽培经验,并提出治蝗的设想。书中着重阐述屯垦、水利和荒政三方面问题,增补了前代农书的薄弱环节。作者主张发展北方水利,改变南粮北运的局面。书中还收录了反映欧洲科学技术成就的《泰西水法》。清政府主持编撰、成书于公元1742年的《授时通考》,也是一部大型综合性农书,征引周详,插图丰富,但多是前人著述的辑录,新意全无。

第七节 特产类农业文化遗产

一、高校土特产开发研究时代意义

高校土特产作为一种新兴的产品，集地方特色与高校风格于一身。对于土特产本身来说，高校土特产赋予了土特产新的价值，特产不再是“土”的代名词，而成为一种新兴的、时尚的产品，提高了土特产的知名度，使其焕发了新的活力。对于高校来说，这种新兴产品的产生，改变了人们对高校刻板严谨的印象，同时也提升了高校的知名度。高校土特产的热卖，也在一定程度上促进了高校的经济发展。抛开高校与土特产本身，这种新型产品组合模式也是值得学习的。高校土特产的诞生，是科技发展与地域特点的结合，给那些有价值却得不到开发的产品提供了借鉴，是我国产品发展的一个重要风向标。

高校土特产打造优质、健康的即食类产品，从研发到生产阶段都更加注重技术的投入与质量的监测。高校为土特产提供技术依托，而土特产也将会成为高校的一张名片。同时，高校土特产也拥有其文化价值，与土特产相关的民俗文化、工艺流程、健康理念、科技投入等凝结成了高校土特产的内在价值，这也是与其他土特产品的内在区别。

因此，各高校土特产产品开发研究应该紧抓新时代的机遇，将高校自身的土特产产品设计进行特色化探索并加以创新驱动，打造出具有区域特色的高校土特产产品设计品牌，既可以传播高校先进的产品理念，又可实现高校自身的创新价值和经济价值。高校土特产设计开发实际就是将高校校园资源转化成具有实用价值、文化内涵的高附加值设计产品。

二、高校土特产产品开发现状

随着社会经济的快速发展，人们的生产生活水平不断提高，消费水平也在提升，消费观念也在改变，消费者开始提倡绿色消费，追求绿色健康的食品。随着网络的发展，交通运输的便捷，土特产这种绿色健康的食品自然进入人们的视野，而有特色的优质土特产也很快受到消费者青睐。

中国自古以来是农业大国，各大高校尤其是农业类高校都和农业生产密切联系，可以发挥地域和高校优势，积极开展“高校特产”活动，面向校内师生和校外市场，推广环保生产、绿色消费、健康食品的观念。高校土特产在我国不断普及，全国各地的农业大学特产让大家眼前一亮。其中，较为著名的包括广西医科大学的“杏湖鱼”，深圳大学的荔枝，电子科技大学中山学院的芒果等，在市场上都引起了良好的反响。中国农业科学院的燕麦片，一直是减脂界的“明星”，这款麦片选用的是降脂专用的燕麦品种，是从1 492份燕麦资源中经生化分析筛选出来的，并在18家医院进行过5轮动物实验、3轮临床观察，背景资料非常硬核。

（一）高校土特产以地域土特产为基础

所有的高校土特产均是在平常性的本土地域土特产的基础上发展而来的。从本质上看，高校土特产是地域土特产进一步升级后的产物，保留了地域土特产的基本特征，仅在包装、味道、营养价值等方面发生了一些变化。就风靡全国的东北农业大学红肠来说，红肠原本就是东北地区的标志性食品，是属于东北地区的土特产，但经过东北农业大学的升级改良，摇身一变成为高校土特产。此外，福建农林大学的茶酥糖，茶香四溢，甜度适中，也受到了很多人的追捧。茶叶本就是福建的土特产之一，福建省有着适宜的茶叶种植条件和悠久的种植历史，福建农业大学在此基础上对福建茶进行加工改良，才有了茶酥糖的诞生。

（二）高校土特产是科技发展的产物

高校土特产是“土”与“新”的结合，“土”在于高校土特产保留着地域性的特点，“新”在于高校通过科技为这些土特产注入了新的活力。高校土特产的诞生离不开科技的发展进步，正是因为科技，高校土特产相较于普通土特产，有着更健康完善的规格标准，更高的营养价值，更强的市场竞争力。

（三）高校土特产的附加价值高，经济效益大

相较于普通土特产，高校土特产经过了严密科学的改良，在口感、包装、健康程度等方面有了很大提高，因此高校土特产有着更高的附加价值，这种价值是高校学术底蕴赋予的，其代表着更高的工艺水平、更先进的生产技术、更安全的品质等一系列有利于土特产蓬勃发展的条件，这些附加价值使得高校土特产风靡全国。随着电商的普及，销售市场随之扩大，高校土特产的经济效益

也在不断提高，一定程度上也给高校的发展提供了助力。

三、高校土特产产品开发研究优势

(一) 实验基础条件充分

农业类高校拥有大面积的试验田以及各种实验室，可以在此基础上通过实验培育良种。如华南农业大学素来以校园里到处是散步的牛著称，更厉害的是华南农大有自己的奶牛场；华中农业大学动物科技学院研发的水牛奶，引进纯种地中海奶水牛，在奶水牛养殖、水牛奶加工和销售等产业链中，有着多项国家专利。

高校将研制出的质量好、营养含量高的动植物作为土特产的原材料，相对于市场中现有的土特产营养更高、质量更好，作为高校制作出的健康产品自然成了大家追捧的对象。

(二) 科学技术人才充足

农业类高校拥有大量农业类、食品类专家及科学技术人才，通过实验研究，将科学技术是第一生产力的作用发挥到极致，为高校土特产的开发与研究提供技术与“智”能力。

南京农业大学的烧鸡通过该校教师和学生改进小作坊烧鸡的制作工艺，实现了标准化的安全生产。其运用内源酶成熟调控技术分解出的咸味肽，可以少放盐；鲜味肽可以代替味精；抗氧化肽可以延长保质期。湖南农业大学的辣条是在十万级洁净车间里生产出来的，通过了ISO9001质量管理体系认证和HACCP食品安全管理体系认证，并具有相关专利。

(三) 学生群体众多，影响力大

各高校拥有众多来自全国乃至世界各地的学生，学生可将本校的土特产带回家乡分享给亲朋好友，让不同地区的人品尝到来自高校的土特产，借此对本校进行宣传从而扩大高校的影响力，吸引更多的学生到此求学。如今，越来越多的学生在报考学校时，愿意选择有特点有亮点的学校。通过学生作为纽带，可以将高校土特产带到更广阔的地区，从而扩大高校自身影响力，吸引更多优质生源。

(四) “校乡联结”共同发展

通过高校研发，研制出质量更好、营养更高的动植物，并将这些动植物推广到农村中，使良种更新换代，推动农作物升级改良。将高校与农村联结起来，农村为高校提供土特产原材料，高校负责研制质量更高的动植物以及产品后期加工与制作。通过“校乡联结”，推动农村农业改造，促进农村经济发展，助力脱贫攻坚，乡村振兴；高校、乡村共同发展的同时，也履行了社会责任。

四、高校土特产产品开发研究策略

(一) 提升产品口感

口感对于食品类产品的重要性不言而喻。如今消费者越来越注重食品口感，味美醇厚的食品更容易得到消费者的青睐，并且不同的消费者对于口味的选择也越来越多样化。所以，在产品的口感方面要满足当地以及大部分消费者。

东北农业大学的红肠性价比高，肥肉较多，皮厚，口感稍油腻，是肥肉爱好者们的首选；如果不爱吃肥肉，则可以选肉质紧实的儿童肠。在扬州的整体面包水平不算高的时候，扬州大学的荷花牌面包就是扬州人心中的宠儿，面包松软，内馅夹着一层丰厚的奶油，虽然外皮有些硬，内里有点粗糙，但是不影响动物奶油入口瞬间的幸福感；大部分扬州人日常都会喝扬州大学牛奶和酸奶，口味比一般酸奶略酸一点，这也是老一代扬大酸奶的特点，基本没有其他品牌抢占市场；茉莉花属于“扬大限定”，一掀盖一股茉莉花香味扑鼻而来。

2016年，南京农业大学的烧鸡与盐水鸭、酱香鸭一同登上了博鳌亚洲论坛的餐桌。真空包装的小仔鸡乍看平常，放微波炉低火叮上几分钟立马油香四溢，汁水丰富；包装袋内附赠一次性手套，撕扯几下烧鸡轻松脱骨，肉质鲜嫩，咸度适宜，香气浓郁。

(二) 产品营养高

在注重产品口感的同时，还要重视产品的营养成分。中国农业科学院的伊甜伊糯高叶酸玉米由国家营养型农业科技创新联盟的科学家花了10年时间培育而成。这种玉米拥有3/4的糯玉米粒和1/4的甜玉米粒，既香糯又甜脆，而且它自带的天然高叶酸可以达到普通玉米叶酸含量的四倍左右。

纵观这些高校土特产，凡是纯学校监制和制作的，品质都不错，颇具食品专业的业界良心。所以，在高校土特产的研发过程中，应多研发营养成分高的食物并保留其营养成分。

(三) 产品颜值高

包装也承担了品牌营销责任,在塑造品牌形象、提高商品档次方面,能引起消费者重视并加深印象。高颜值的包装能够在同类产品中脱颖而出,高颜值的产品多数也代表了高品质。

精致的外观除了给消费者留下美好的印象外,也是塑造品牌需要具备的要素,其不但规范了图形、色彩、字体的视觉整体形象,还力求体现产品品质、强化视觉记忆。良好的包装已经成为产品在销售中的通行证,高颜值的包装有助于将产品塑造成品牌,同时也向消费者树立了品牌的形象。

(四) 突出产品价格优势

在特产类产品营销中,各高校应勇于挣脱"特色"的束缚,明白研发的不是满足消费者探求欲的一次性产品,而是要做满足人们日常生活所需的必需型消费品。

高校土特产产品的消费群体,以在校师生、毕业校友、当地城乡居民等为主。农业类高校做食品研发,不以营利为目的,而是利用其专业和人才优势进行科研及促进校企合作。因此,产品定价不宜过高,要调研当地城市平均价格,对同类产品进行价格分析,使价格定位于在校师生、毕业校友、当地城乡居民能够普遍接受的范围内,将高校产品自身优势淋漓尽致展示出来,突出产品价格优势,质优价廉以获得消费者的青睐。

(五) 学校科研技术与农业作物相结合

黑大酸菜诞生于生命科学学院微生物实验室,其精心培育的乳酸菌,只需1滴就能复制出东北人的美味。利用菌群效应生产的黑大酸菜能代谢产生天然防腐剂,亚硝酸盐含量极少,不同于天然发酵酸菜可能会出现有害菌群。食用时,不用反复冲洗浸泡,冲1遍就可以下锅,10多分钟就可以轻松做出1道东北大菜。看起来清淡,但吃起来酸鲜十足,完全可以秒杀一般的市售酸菜。

(六) 赋予产品品牌商标文化内涵

品牌已不再是单纯的产品标识,而成为具有丰富内涵的标志,品牌文化逐渐成为产品的本质属性。作为走向市场的通行证,没有文化灵魂的品牌,难有销售市场,更难以在市场上立足。

随着人们生活水平和社会文化素质的提高,消费者在购物时不仅考虑到商品的使用价值，而且更讲究消费档次和文化品位，这就对商品的外观、造型和包装提出了新的要求。所以，设计者要深度挖掘农业类高校多年积淀的文化底蕴，系统思考并提炼文化元素，赋予产品独特的文化叙事功能，融入情感设计与文化内涵，强化高校的品牌价值。同时注重新技术的运用，持续优化完善产品功能，增强消费者的共鸣感与体验感，收获忠诚的消费群体。

第八节　景观类农业文化遗产

农业工程类遗产主要是大型水利工程，流域面积相对较大，如都江堰，多属于官方组织修建而成；农业景观类遗产则主要是民间修建而成，且规模相对较小，如梯田类遗产，这些遗产具有极强的地域特征，目前仍然在生产中发挥着重要的作用。

一、梯田的产生

我国梯田发展历史悠久。相传3 000年前长江流域就有了水稻梯田，2 000年前黄河流域有了旱作梯田。梯田在坡地利用改造、增加耕地资源、防治水土流失和保障粮食安全等方面发挥了重要作用。我国梯田修建经验流传到国外，在日本、东南亚和南亚次大陆颇为盛行，对于这些地区的农业发展贡献巨大。梯田凝聚着中华民族各族人民的辛勤劳动和聪明才智，也推动了我国农业技术的发展，丰富了我国农业文化的内涵。

早在《诗经·小雅·正月》中就有“瞻彼阪田，有菀其特”的诗句。其中“阪田”指的就是山坡上的田，是梯田的雏形。

汉代，由于汉初承袭秦制，推行重农政策，大兴水利，推广牛耕和铁质工具，使农业生产迅速发展。劳动人民在生产中创造了先进的“区田法”，据《氾胜之书》记载：“诸山陵近邑高危倾阪及丘城上，皆可为区田。”区田本身虽然还不能算作梯田，但那些散布在大小山头、高崖、陡坡、小土堆等地的高低起伏、错落不平的区田群，就可以视为梯田了。从四川彭山崖墓中发现的东汉陶田模型来看，田块倾斜，彼此相接如鱼鳞，田埂略呈阶梯状，和现代梯田很相似，这是2 000年前长江上游山区已有梯田的最有力证明。唐宋时，梯田进一步发展,尤其在四川,梯田随处可见。唐代诗人杜甫的诗句中曾描述夔州(今重庆奉节)梯田景况。南宋诗人范成大的游记《骖鸾录》中描绘袁州(今江西宜春)遍布梯田,说明当时梯田已经发展到较高的水平。今闽、皖、淮、浙、赣、蜀等地在当时都有许多梯田的分布。福建梯田最多,安徽也有许多梯田,浙东多于浙西,江西的抚州、袁州、信州、吉州、江州等地都有梯田分布。

元代农学家王祯在《农书》中把农田分为井田、区田、圃田、围田、柜田、架田、梯田、涂田和沙田等,对"梯山为田"的梯田有详细论述。

明代徐霞客在游记中也描绘了湖北山区水梯田的情况。徐光启在《农政全书》中,将梯田与区田、圃田、圩田、架田、柜田、涂田一起列为中国农耕史上的七大田制。

二、旱作梯田

据梁家勉先生考证,古代文献最早记录梯田的《诗经·小雅·正月》一诗中描述的原始型梯田在公元前776年前后的今陕西境内。西汉末期陕西黄土区梯田的作业技术已有显著进步。以后数百年间,众多文献对于梯田的记载均表明,当时我国梯田主要分布在陕西、河南、山东以及湖北境内。古文献中述及梯田所种作物,以粟、豆、黍、旱稻较为普遍。

在水土流失最严重的西北黄土高原,很早就开始修筑梯田以拦截水土,使"水不下塬、土不下坡、泥不出沟"。旱作梯田中埝地多分布在关中地区渭水河谷地带。西周时期,由于建都关中西部,对关中地区的耕地开发利用特别关注。因降水少而不均要引水灌溉,就必须平整土地。《诗经·小雅·黍苗》中记载了有关周宣王(前828—前782年)平整缓坡隰地,使泉流变清,减少水土流失的景象。公元前3世纪,该地区已有了适应灌溉水平埝地的设施。渭水两岸大部缓坡地改造成不同类型的埝地,在渭北随着灌溉面积的扩大和水利化程度的提高,埝地发展在不断地加速,水平化程度越来越高。

古代梯田的修建还与屯兵戍边有关。如唐代在青海境内和明代在黄土高原一些地方,将陡坡地改造成为坡式梯田。此外,局部地区人口密集度较大也是梯田发展的主要原因之一。现存梯田历史悠久的有山西省洪洞县、赵城一带的梯田,已有600多年的历史,其中中楼村一个村庄就有梯田173.33公顷,从坡顶到沟底，全部修成梯田。由于北方地区土质疏松，而且黄河流域在唐代以前人口众多，梯田的修建成功地解决了水土流失问题，并在很大程度上缓解了耕地不足的压力。

1949年后，由于人口增长迅速，对粮食需求不断加大，同时受干旱和耕地紧张的双重制约，黄河流域的旱作梯田发展迅速。进入20世纪80年代，梯田建设与小流域治理相结合，实行山、水、田、林、路综合治理。后又开展人机结合，加大机修力度，使梯田建设走上了规模化、科学化和规范化的发展轨道。其中甘肃庄浪成为当代中国梯田第一县，全县总耕地面积90%以上为水平梯田。其“山顶沙棘戴帽，山间梯田缠腰，埂坝牧草锁边，沟底穿鞋”的生态梯田综合治理模式及多种经营模式，使当地农民收入显著提高，生存环境得到了改善，而且在梯田开发过程中，筑埂、起沟、耕耘、播种、灌溉、作物选择和其他管理技术相应得到发展。旱作梯田经过长期发展，为自然条件相对较差的北方旱作区提高粮食总产、增加农民收入和防止水土流失做出重要贡献。

三、稻作梯田

稻作梯田分布于我国南方亚热带、热带的丘陵和山地。汉魏之际北方战乱不止，使大量北方人民移居到南方山区；特别是唐宋以后，经济重心向南转移，南方的人地关系也逐渐紧张，南方山区得到前所未有的开发。大量山坡地被开垦修筑梯田，而梯田则多种植水稻，于是稻作梯田成为西南一带水源充足山区的重要耕作措施。目前我国有代表性、历史悠久且保存完好的稻作梯田主要有以下几个。

云南元阳哈尼梯田主要分布于云南红河下游与澜沧江之间的哀牢山和无量山间的广阔山区。据史料记载，哈尼梯田已有1 300多年历史，梯田开垦在唐代已达相当规模。哈尼梯田是以哈尼族为主的各族人民利用当地“一山分四季，十里不同天”的独特地理气候条件创造的农业文化景观。目前仅元阳县境内就有12 666.67公顷梯田，8 000公顷梯地，上万座山峰。此处梯田数量之多，形态之美，堪称世界一绝。其独特的耕作方式和无库无塘的天然灌溉系统，在稻作文化中也显得非常独特。

第九节　聚落类农业文化遗产

聚落类农业文化遗产是一种重要的农业文化遗产类型，是农业文化遗产中最具“活态性”传承的代表。作为人类社会最初发展的生产生活单元，聚落类农业文化遗产不仅包含丰富多样的民居建筑、民俗等农业生活文化，也包括农业景观、农业工具、农业技术等农业生产文化。尽管到目前为止对于聚落类农业文化遗产的概念没有明确定义，但其价值研究和评价对于聚落类农业文化遗产的保护具有重要的意义。

一、聚落类农业文化遗产的概念及特点

（一）聚落类农业文化遗产的概念

“聚落”一词古已有之，它最初专指乡村聚落，近代泛指一切居民点，聚落地理学将聚落划分为乡村聚落和城市聚落两大类型。唐代张守节将聚落解释为：“聚，谓村落也。”聚落是在一定地域内发生的社会活动、社会关系和特定的生活方式，并且是由共同的人群所组成的相对独立的地域生活空间和领域。

聚落类农业文化遗产是一种重要的农业文化遗产类型，泛指人类各种形式的有重要价值的农业聚居地的总称，包括房屋建筑的集合体，与居住直接有关的其他生活、生产设施和特定环境等。本书对于聚落类农业文化遗产的研究基于广义的农业文化遗产概念，其不仅包括农业“生产系统”，同时也包含农业“生活系统”。与聚落类农业文化遗产相似的概念有“古村落”“传统村落”和“历史文化名村”等。

20世纪80年代，学者们开始关注古村落的界定问题。刘沛林认为，古村落是古代保存下来，村落地域基本未变，村落环境、建筑、历史文脉、传统氛围等均保存较好的传统人居空间。朱晓明界定古村落为民国以前建村，保留了较大的历史沿革，即建筑环境、建筑风貌、村落选址未有大的变动，具有独特民俗民风，虽经历久远年代，但至今为人们服务，空间结构保持完整，留有众多传统建筑遗迹，且包含了丰富的传统生活方式的村落。2012年9月，经传统村落保护和发展专家委员会第一次会议决定，将习惯称谓“古村落”改为“传统村

落”，以突出其文明价值及传承的意义。传统村落是指拥有物质形态和非物质形态文化遗产，具有较高的历史、文化、科学、艺术、社会、经济价值的村落。传统村落承载着中华传统文化的精华，是农耕文明不可再生的文化遗产。历史文化名村是指由建设部和国家文物局共同组织评选的，保存文物特别丰富并且有重大历史价值或者革命纪念意义，能较完整地反映一些历史时期的传统风貌和地方民族特色的村落。

聚落类农业文化遗产在内涵上与“古村落”“传统村落”“历史文化名村”等概念相似但不完全相同。相对于其对农业生活系统的强调，着重关注建筑、民俗价值等，聚落类农业文化遗产在此基础上加入了对于农业生产系统的关注。即聚落类农业文化遗产包含丰富的历史文化、建筑、民俗等农业生活系统，也包含农业景观、农业技术等农业生产系统。

（二）聚落类农业文化遗产的特点

1.多样性

聚落类农业文化遗产是一类典型的生态—经济—社会—文化复合系统及其组成部分，集自然遗产、文化遗产、文化景观、非物质文化遗产的多重特征于一身，既包括物质遗产部分、非物质遗产部分，也包括物质与非物质遗产融合的部分。聚落类农业文化遗产按其主要产业基础可以分为农业聚落、林业聚落、畜牧业聚落、渔业聚落、农业贸易聚落等；按其形态特征可以分为点状聚落、线状聚落和块状聚落。

2.活态性

聚落类农业文化遗产是一种活态遗产，不是被封闭起来保护的，而是以传承、发展和创新的形态存在，是农业社区与其所处环境的协调进化和适应，这种系统是有生命力的、能持续发展的活态系统。这种可持续性主要体现在这些农业文化遗产对于极端自然条件的适应、居民生计安全的维持和社区和谐发展的促进作用。

3.多功能性

聚落类农业文化遗产具有多样化的经济、社会、文化方面的功能，兼具食品保障、原料供给、就业增收、生态保护、观光休闲、文化传承、科学研究等多种功能。这些功能在后工业社会的价值已日益凸显。

4.濒危性

工业化、城镇化、现代化的快速发展，社会经济发展阶段性比较效益的变化等，使许多聚落类农业文化遗产面临着被破坏、被遗弃、被抛弃等不可逆的变化，主要表现为农业生物多样性的减少和丧失、传统农业技术和知识体系的消失，以及农业生态系统结构与功能的破坏等。

二、聚落类农业文化遗产的价值

"价值"多见于哲学、经济学等学科领域，是一个多视角、多层次的概念。人们的价值观受到各自所属的国家、民族、群体，所处历史时期、环境条件、利益结构不同等的影响，其认识和理解的差别很大。通常所说的文化遗产价值，大多侧重于遗产功能的探讨和经济价值的衡量。农业文化遗产是一种综合价值，是由一系列分类明确，彼此关联的价值构成的遗产价值系统。农业文化遗产的价值构成，可以从其发挥作用的时间空间，价值主体作用领域的表现方式等多个维度进行认知和理解；既有文化遗产的历史价值、艺术价值等，也有其独特的价值存在，如生态价值。有学者从文化学视角，将农业文化遗产的价值分为六个层次，即器物、制度、理论、伦理、教育和精神。他们认为保护农业文化遗产应该做到：更新观念；发挥农业遗产文化功能，通过实现器物层次的价值来实现保护；开发农业文化遗产为实用技术来实现保护；加强对农业遗产的研究，实现多样性保护。聚落类农业文化遗产所以成为人们关注的热点与其独特的价值是分不开的，可以将其归结为四大方面。

(一) 经济社会价值

经济社会价值指聚落类农业文化遗产对于人和社会在经济和社会上的意义，表现为聚落的再利用开发以及社会的认同归属教育作用。朱晓翔认为，"古村落(传统村落)旅游资源具有历史文化、艺术、教育、经济、旅游的多种社会功能，集建筑、雕塑、绘画、民俗文化于一体，是有着诸多价值属性的综合体。"

(二) 科学研究价值

聚落类农业文化遗产是人类农业社会时期文明的"活化石"，具有小空间、大社会的特点，涉及社会文化的方方面面，对于科学研究具有很大的价值。聚落本身的农业技术和生态科学对于现如今人类的可持续性发展研究具有重要的价值。

（三）历史与文化价值

中国古村落是历史文化的积淀和人地作用关系的综合体现，包含着深刻的文化内涵。中国古村落崇尚一种寓意深刻的文化环境，代表着特定环境中和谐的人类聚居空间，有着悠久的历史，承载着璀璨的地域文化。聚落类农业文化遗产不仅能够反映一个地区的发展过程及其历史价值，也满足居住者的文化需求，反映聚落文化特色。

（四）生态环境价值

聚落类农业文化遗产作为一个整体的生态系统，具有复杂有序的层级系统，时间与空间维度上的种类繁多的基本特征。其生态系统的演化是缓慢的、渐变的过程，表现为一种复杂的融合和交错。村落的空间布局、建筑结构和类型都要与自然地理环境条件相适应。传统村落在特定的自然气候、地理环境下形成、发展，地域环境的多样化使村落的建址选择发生了差异。

三、聚落类农业文化遗产的相关价值评价

目前尚没有聚落类农业文化遗产的价值评价标准，相关的价值评价有全球重要农业文化遗产（GIAHS）、中国历史文化名村和传统村落的价值评价体系。

（一）全球重要农业文化遗产（GIAHS）的价值评价标准

“全球重要农业文化遗产（GIAHS）动态保护与适应性管理”项目试点的评选标准包括三个方面：一是基本标准，二是关联标准，三是实施标准。GIAHS项目试点选择的基本标准即核心标准，指反映农业文化遗产地最根本特征的指标标准。其包括三个方面：突出特征、可持续性的历史证明和全球重要性。GIAHS项目试点的关联标准是根据项目执行的需要而确定的，以系统关联内容、国家资格和项目建议内容为基础，包括代表性（指标有生态系统与生态区、系统性、影响水平、地理条件、示范价值）、外在威胁、政策与发展的相关性。实施标准主要包括三个方面：项目整合性、融资能力、项目实施途径。

（二）中国历史文化名村的价值评价体系

随着《中华人民共和国文物保护法》提出关于历史文化村镇保护的明确规定，保护历史文化村镇从此有了法律保障依据。2003年试行《中国历史文化名镇（村）评选办法》和《中国历史文化名镇（村）评价指标体系》，该指标体系分

价值特色和保护措施两部分。评价总分值为100分,价值特色占70分,保护措施占30分。价值特色部分包括镇或村庄建成区文物等级与数量,镇或村庄建成区历史建筑数量,重要职能特色,镇或村庄建成区不可移动文物与历史建筑规模,历史环境要素,历史街巷(河道)规模,核心保护区风貌完整性、历史真实性、空间格局特色功能,核心保护区生活延续性,非物质文化遗产等9项指标。保护措施部分包括保护规划、保护修复措施、保障机制等3项评价指标。

综合学者的评价体系以及我国现行的历史文化名镇名村评价,都是在分析历史文化村镇内涵和价值的基础上,试图以全面的体系构建,以指标量化为手段建立的全国性历史文化名镇名村评选的体系。这些评价体系都从物质文化遗产、非物质文化遗产和保护措施三大方面,突出了保护的整体观念;评价方法和指标以定量为主,为我国历史文化名镇名村的评选起到了重要的作用,对于聚落类农业遗产价值评价体系的构建极具借鉴意义,尤其是建筑、非物质文化遗产方面。但是在指标确定和指标分解、评分标准、权重等方面还存在问题,不适宜聚落类农业文化遗产价值评价借鉴。例如,对聚落与自然环境的完整度和原生态文化重视不够;过于强调农业生活系统中建筑的评定,忽略农业生产系统。

(三) 传统村落的价值评价体系

1980年,同济大学建筑与城市规划学院教授阮仪三先生主持开展了“江南水乡古镇调查研究及保护规划”,揭开了对我国历史文化村镇保护的序幕。20世纪80年代后期,王路生从历史价值、艺术价值、科学价值、旅游价值四方面对秀水村进行了价值评定体系的构建和评价,并提出了针对性的保护措施。任俊卿提出了古村落三级保护的概念,即根据不同价值分类分级保护。王云才、郭焕成等在对北京市郊区传统村落价值评价及可持续利用模式探讨中,在深入系统调查的基础上,结合悠久性、完整性、乡土性、协调性、典型性对传统村落的价值特征进行了综合评价,将传统村落划分为遗产性村落、特色性村落和保护性村落三种类型。杨丽婷、曾祯从层次分析法与线性加权和函数法相结合构建古村落保护与开发综合价值评价模型,在德尔菲法的基础上通过合理确定评价指标权重,定性与定量分析有效结合,从而提高评价的科学性、客观性和准确性,为古村落旅游开发决策服务。汪清蓉、李凡针对古村落综合价值评价的模糊性,采用层次分析法和模糊综合评判相结合的模糊综合评判模型，以佛山三水大旗头古村落为例对其进行综合价值评价。

综合分析我国现有的历史文化名村价值评价体系的研究可以发现，评价方法发展日趋科学化但是评价因子（评价内容）尚有局限性，但“中国历史文化名村”与“古村落（传统村落）”的价值评价体系的研究，对于聚落类农业文化遗产评价体系的构建具有一定的借鉴意义。首先，在对评价体系定量研究方面，可以借助已经成熟的模糊层次分析法、德尔菲法、函数法对评价因子的数据结果进行定量分析。其次，在对评价内容构建方面，“历史文化名村”和“古村落（传统村落）”在农业生活系统的评价因子构建几乎完整，值得借鉴。但是，我国现有的价值评价体系对于农业生产系统的评价因子构建略显不足，而全球重要农业文化遗产评价体系对于农业文化遗产的评价标准更加侧重于对农业生产系统的评价。因此，要将全球重要农业文化遗产对于农业文化遗产的农业生产系统的研究与“历史文化名村”和“古村落（传统村落）”在农业生活系统结合性思考，构建更完整的农业聚落的价值评价体系。

四、关于聚落类农业文化遗产价值评价的探讨

㈠ 聚落类农业文化遗产价值评价体系的构建原则

1.整体性原则

聚落类农业文化遗产作为一个整体的、活态的文化单元，它的评估不同于一般的文物保护单位或建筑遗迹，只注重单体的、物质性层面的评价，应将评价范围进一步扩大到村落整体环境的高度、扩大到古村落形成发展的历史视野中，由质到量，从历史到现状，从主观感受到客观标准进行权衡考量，它涉及物质形态、意识观念等各个方面。

2.原真性原则

原真性是价值特色的根本所在，许多古镇在现代化的进程中逐渐丧失了原有的风貌特色，对原真性的重视与保存，是聚落价值体现的另一重要方面。因此，在价值评价体系的构建过程中，需要坚持原真性原则，对于新建的建筑或是旅游开发过程中新修缮的农业景观应当慎重评价。

3.易操作性原则

无论在“古村落”还是在“中国历史文化名村”的评价体系的探索中，在实施从定性发展至定量的评价方法时，在定量的评估中，每一项评价因子的确

立必须保证该项因子评价结果的可获取性,否则即使有了完整的体系也没办法实施评价。

4.定性定量相结合原则

定性分析对于评价人自身的知识背景、专业经验等方面的要求比较高,并且无法完全避免评价的主观性;而定量评价就可以很好地保持评价的客观性。因此为了保证评估结果的科学性与真实性,在对于聚落类农业文化遗产价值评价体系的构建过程中,必须注重定性与定量相结合的原则。

(二) 聚落类农业文化遗产价值的定性和定量评价方法

目前,聚落类农业文化遗产价值评价比较理想且适用的定性评价方法是德尔菲法。德尔菲法运用于聚落类农业文化遗产价值评价大致可以分为三个步骤,在每一步中,组织者与专家都有各自不同的任务。①一定数量相关领域专家采用匿名或背靠背的方式,根据评价对象的资料提出评价方向和意见。②根据第一轮专家评价意见,取同去异,用准确术语设计一个评价调查表,发放后用同样的办法继续整理。③请专家重新对争论较大的评价项目给出自己新的评价,并陈述自己的理由。组织者统计专家们的新评价意见,如果评价意见基本一致,则总结专家评价,形成最终评价结果;如果评价意见仍然存在分歧和争论,则参照前述操作进入第四轮调研。

目前,聚落类农业文化遗产价值定量评价尚没有统一的标准,可以借鉴的常用文化遗产价值评价方法有以下几种:①系统评价方法是一门方法论学科或技术科学,作为方法论学科,它的研究内容包括两大方面。第一,它研究系统评价活动本身的运动规律和各环节各组成部分的相互关系。第二,系统评价学为具体的评价实践提供可用的技术方法,包括各种操作步骤、评价模型等,我们称为评价技术或评价方法,这两个部分是相辅相成的。评价原则是指导评价活动的基本理论,评价技术的选择要在评价原则的指导下进行。②模糊综合评价方法就是应用模糊变换原理和最大隶属度原则综合考虑被评事物或其属性的相关因素,进而对某事物进行等级或类别评价。运用模糊数学和模糊统计方法,通过对影响某事物的各个因素的综合考虑,对该事物的优劣做出科学的评价。它的最大优点是可以转化处理事物、现象的模糊性,综合各个因素对总体的影响作用,用数字来反映人的经验。③层次分析法,所谓层次分析法是指将一个复杂的多目标决策问题作为一个系统,将目标分解为多个目标或准则，进而分解为多指标（或准则、约束）的若干层次，通过定性指标模糊量化方法算出层次单排序（权数）和总排序，以作为目标（多指标）、多方案优化决策的系统方法。

㈢ 聚落类农业文化遗产价值的综合评价方法

目前，聚落类农业文化遗产价值评价比较适用的是多指标综合评价法。根据不同的评价目标对影响评价对象的不同类别指标进行分层次处理，通过细化把总目标划分为若干不同层次的子目标，根据重要程度对指标赋予不同的权重，之后从底层指标开始评价，把多个描述被评价对象不同方面且量纲不同的定性和定量指标，转化为无量纲的评价值，逐层向上综合，最后得出对该评价对象的一个整体评价结果。按照权数产生方法的不同，多指标综合评价方法可分为主观赋权评价法和客观赋权评价法两大类。多指标综合评价法具有多指标、多层次特性，能较好地处理聚落类农业文化遗产价值评价问题。

第十节　民俗类农业文化遗产

一、农业民俗的产生

大约在距今1万年前，当采集已不能完全满足人们的需要时，种植与畜牧得以产生，农业和畜牧业就承担了为人类社会进步提供物质基础的角色。农业生产是人类早期赖以生存的主要产业，但是农业生产过程不仅是物质生产过程，还同时承担着精神生活的功能。随着人口的增加，人们依赖农业的程度也相应增加，社区也开始扩大，原始艺术开始产生，农业民俗活动则是原始艺术的重要组成部分。

从事农业生产是一个比较辛苦的过程，在这个艰难的生产过程中，人们不仅需要从中获得其所需要的物质，同时也需要产生相关的娱乐活动；也就是说伴随着生产，民俗活动开始出现。劳动创造了人们赖以生存所需的物质，劳动也同时创造了供人们娱乐的文化，歌唱、舞蹈开始产生。

农业生产活动也是一个极其复杂的过程，所受的影响因子很多，因此在科技水平有限的时代，当人们不能靠自身的努力来解决一些技术问题时，只能通过某些在今天看来带点迷信色彩的活动来祈求大自然的帮助，以期得到一个好收成。于是，主要以求雨、驱虫等活动为载体的祈望丰收的民俗活动开始出现，成为另一种类型的农业民俗活动。不过，在当时的历史条件下，我们不能简单以迷信来看待这类民俗活动。

二、社日

农业民俗活动的产生历史悠久，目前还不能确切地知道其具体的起源时间，不过一般认为，最早的农业民俗活动可以上溯到“社日”。社日是中国古代社会的盛大节日，它起源于三代，初兴于秦汉，传承于魏晋南北朝，兴于唐宋，衰微于元明及清。社日在中国历史上传承达数千年之久，“可谓最古最普遍之佳节”。

(一) 社日的产生

社日的产生与人们对土地的崇拜有关，由于食物与衣服都来自土地，于是人们开始对土地产生崇拜。社日，顾名思义是以社祀活动为中心内容的节日。社为土神，《说文解字》：“社，地主也。”《礼记·郊特牲》：“社，祭土。”社祭发端于先民对土地的崇敬与膜拜。

与欧洲早期可能是游牧式养殖业文明不同的是，早期的中国文明是一种相对定居的种植业文明。至少在距今8 000年前，在黄河、长江流域就已出现了早期的农业。随着采集食物比重的减少，农业在人们生计活动中的比重增大，人们对土地的依赖性也越来越强，最后出现定居式农业，形成以农业生产为主要谋生方式的农业部落。

在充满自然信仰的上古时代，从土地中讨生活的先民很容易对土地生发万物的功用做出神秘的理解，将土地神化，“在农业发展的基础上，对于地母的崇拜特别突出”。所以在商周时代甚至更早的时代出现“社”这一土地之神是自然而然的事情，“社，所以神地之道也”（《礼记·郊特牲》）。既然土地有灵，就需礼敬献祭，献祭需要一定的对象物，“社者，土地之主。土地广博，不可遍敬，故封土以为社而祀之，报功也”（《风俗通义》卷八）。“封土”为社神原始的象征。这种堆土为社的形式，在今天的傣族区依然存在，西双版纳的寨子都有寨神，也就是村社之神，一般用竹篾围以土堆，这与周朝封土的精神一致。

从上古开始，人们还以特定的树木作为社神的象征，称为社树。树在早期人们的原始观念中具有神性,不仅因其高耸向上,直指天空,容易引起关于天梯直接与上天联系的联想,“建木在都广,众帝所自上下”(《淮南子·墬形训》);还因其葱郁,被认为是神灵栖居之所,甚至干脆认定树即社神之化身。《论语·八佾》记载了三代各自的神社,并以树为名,“夏后氏以松,殷人以柏,周人以栗”。社树的选定一般根据各地的生态情况决定,“各以其野之所宜木,遂以名其社与其野”(《周礼·地官》),夏商周三代起源于不同的地域,所以社树也具有各自不同的地方特性。当然,除了以上诸树为社外,地方上选用其他特色树木为神社象征的也很多,著名的如桑林之社。后世依然如此,如南方少数民族中,其村社之神一般为茶树、榕树或者樟树等。

在确定祭祀对象的同时,必定有相关的祭仪产生,祭祀活动最初可能比较简单与随意。随着社会群体的扩大,组织的日臻完善,社会生活也逐渐纳入秩序之中,不仅要有较规范的祭祀程序,同时也需要根据自然与社会的节律,确定相对固定的时间范围。

秦汉时期,社日有了进一步发展,主要为了适应春祈与秋报的需要,形成了春社与秋社两个社日。“春祭社以祈膏雨,望五谷丰熟;秋祭社以百谷丰稔,所以报功”。汉代以后,社日的日期虽出现过多次变化,但一般确定在立春后第五个戊日(春分前后),立秋后第五个戊日(秋分前后)。社日已成为民众生活中的节日。即使在穷乡僻壤,社日亦是民众的快乐节日,“今夫穷鄙之社也,叩盆拊瓴,相和而歌,自以为乐矣”。

魏晋南北朝时期传承了汉代社会风习,但稍有变化,这一时期的基层社会组织“里”已开始让渡为地域性的“村”,社日活动的开展以村为主。村虽然大小不一,但“百家为村”(《南史·罗研传》)的形态较为常见。因此,村社活动表现为“结综会社”(百家共一社)的形式,“社日,四邻并结综会社,牲醪,为屋于树下,先祭神,然后飨其胙”(《荆楚岁时记》)。春社日,村邻集合,准备社猪、社酒,在社树下搭起供台,祭祀社神,然后分享祭肉,百家共度社日,社日活动的规模较前代大。秋社如春社,“以牲祠社”,并有卜问年成的内容。唐宋时期,社日达到全盛状态,社日的欢愉成为唐宋社会富庶太平的标志。社日在传承汉魏以来神人共娱传统的同时,又补充了新的节俗内容,不断地吸收民众的愿望与思想。从一些历史记载片段和众多唐宋文人对民间生动的咏唱中,我们在千年之后的今天,仍能感受到当时社日欢乐气氛的浓烈程度。社日是乡村的集体公共节日，家家参与，人人踊跃，“桑柘影斜春社散，家家扶得醉人归”的咏社，给我们传递了社日宴乐的盛况。在礼教束缚较少的唐宋社会，社日给人们提供了狂欢的机会，民众在社日中的尽情娱乐，又为社日增添了喜气与热闹。

（二）社日的民俗特征

在中国岁时文化系统中，社日具有异于其他节日的特征，最主要表现为节日活动中的公共性原则。公共性是民俗的一般特征之一，但社日从筹备到举行、从心理意识到具体仪式始终贯穿着公共性原则，这是其他节日所不能比拟的。社日活动的公共性特征具体体现在以下两方面。

一是社神祭祀的公共性。社神祭祀是社日活动的中心内容。在中古以前，社神是地方社会集体的主神，社神具有主司农事、保护村社（里社）成员的职能。因此，在春秋二社中，村社（里社）成员对社神表达的是一种集体性的诚敬及公共的愿望，社日的主要目的是为村社（里社）祈福，不像后世百姓礼拜神佛那样各怀私愿。社日的公共性原则是村社（里社）共同体风习的现实反映，社神是公共意识的投射，是村社（里社）的精神中心；同时社神祭祀的公共性活动，又为村社（里社）成员之间联系的加强提供了维系力量。“唯为社事，单（殚）出里；唯为社田，国人毕作”（《礼记·郊特牲》），尽心竭力参与社祭活动，体现了村社（里社）成员的公共意识与集体精神。我们从社祭的组织中也能体会到这一公共性原则。社日祭祀有一定的组织，每次社祭均有专人主事，主事者称为社首、社正、社长等，社首由村社（里社）成员轮流充任，其职责是筹办社日祭品、主持社祀仪式以及分配祭肉等。汉代名相陈平早年曾在里社轮值社首之职，他处事公平，“分肉甚均”，受到里社父老的称赞，“善，陈孺子之为宰”（《史记·陈丞相世家》）。社日祭祀活动的公众参与，体现了村社（里社）成员原始的民主意识及公正原则，义务与权利互为补偿，只有在社日中尽力履行了自己的义务，社首才能分享社神赐给的福分。

二是社日娱乐的公共性。社日是民众的欢庆日，无论男女老少尽享社日欢愉，“共向田头乐社神”的娱乐狂欢成为社节的主题。由于村社（里社）之神供奉在村头地边，与平民百姓没有空间的阻隔，因此在情感上神人易于沟通。在下层民众心目中，社神没有其他神灵那样的神秘与威严，社神具有平和的神格，“须晴得晴雨得雨，人意所向神辄许”。人们借着娱神的机会击鼓喧闹，纵酒高歌。除了喧闹的社鼓、醉人的社酒外,集体分享社肉、社饭也是社日公共娱乐的重要内容。以美味食品献祭神灵是原始祭祀的传统,人们在祭神之后均分社肉,享用社饭,表示已获得了神福。社日活动,在上层重在祭仪的庄严、隆重;而在民间,祭社却成为普通百姓公共性的娱乐,当然敬神的意义也必不可少。从先秦迄明清沿袭着“作乐以祀农神”的民俗传统,社日洋溢着村民质朴的娱乐精神,它没有庸俗的商业气息,是一种纯粹的农业社会的公共性娱乐,人们也乐于从中获得精神层面的愉悦。

(三) 社日民俗的功能

社日民俗的功能主要体现在下面几个方面。

一是祈求丰收与组织、指导农业生产。社日自形成之始,即具有了适应这一需要的功能,祭祀土地之神是社日的第一主题。仲春时节,地气上蒸,“万物冒地而出”,所以二月有开“天门”之说。社日正值春播的时节,因此从王室到平民均举行一系列祭社与播种的仪式。周王在春耕前的籍田礼中要接受王后献上的作物种子,并播入地中,以祈求丰收,“社之日,莅卜来岁之稼”(《周礼·春官宗伯第三》)。乡里百姓径直称社神为田祖,祭祀田祖的目的是“以祈甘雨”(《诗经·小雅·甫田》),适量而及时的雨水是农作物丰产的保证。秋收时节,为了报答社神的福佑并祈求来年的丰产,在社日举行隆重的报赛活动,“其祠社盛于仲春”。无论春社、秋社,村民最期望的是年丰岁熟。社日祈年民俗历代相承,从先秦社祀“但为田祖报求”,到宋代社日“求丰年”“卜禾稼”“祈粢盛”的诸多名目,再到明清时期“社日用牲醴祈年”的具体记述可见,社日祈年功能贯彻始终。

除了被动的祈请外,社日还有组织、指导农业生产的功能。古代帝王的社稷祭祀虽已经礼仪化,但仍然是一种生产过程的演示,它具有指导性的意义。可以说,社日是农业生产组织的指导日,“春社下稼,秋社下麦”,“农家是日沁早稻,谓之社种”,“社日农家先期赛社,春祈秋报,俱同种早秧,曰社秧”。关于社日农事的组织安排,还可以从民族志中得到生动的说明:广西大瑶山区茶山瑶,每逢社日,社老要在社庙前“料话”,即当众宣讲有关农业生产事宜与规定。社老还用“喊村”的形式宣布浸种、做秧田的日期,上山制青(绿肥)的时间也由社老掌握。由此可见,社日在民间社会生产活动中发挥着实际的功用,它交流了农事经验,统一了村社的农事安排,协调了村社共同体的生活节奏。

二是祈求子嗣与佑护生命。社日，尤其春社日，不仅祈求农业的丰产，同时也祈求人口的增殖。在古代社会，特别是上古时期，人口的增长是社会追求的目标之一。在生机勃发的春日，归来的燕子唤起人们的生命意识，“天命玄鸟，降而生商”的神话，即是将燕子视为生命的母体，“春分之日……玄鸟不至，妇人不娠”。于是古代帝王以春燕归来为兆，在二月祭祀生殖之神——高禖。“（玄鸟）至之日，以太牢祠于高禖”（《礼记·月令》），这是春社期间典型的贵族化的求子仪式。楚之云梦、宋之桑林为当时著名的社祀之所，也是男女春嬉冶游之地，“宋之有桑林，楚之有云梦也，此男女之所属而观也”（《墨子·明鬼》）。政府为了鼓励人口生产，“仲春之月，令会男女。于是时也，奔者不禁，若无故而不用令者，罚之，司男女之无夫家者而会之”（《周礼·地官·媒氏》）。仲春社日的男女相会祈求子嗣的习俗，在秦汉之后，由于儒家伦理观念的影响，变得含蓄而隐晦，但在局部地区仍有春社男女相会的遗风。贵州黎平侗族“赶社节”即为一例，在“社场”上，成群的青年男女对歌传情，晚上邀姑娘到寨中吃社饭，然后尽情欢唱。

三是强化社区传统，沟通社人情感。集体性的祭祀与娱乐是社日的两大主题，它们适应了村社成员生活与心理的需要。村社成员在同一地域环境下朝夕相处，有着大致相近的经济利益与社会利益，在较早的时期应该还有部分村社公产，相互之间在生产、生活上彼此有着较多的互助的需要，因此以祭社为中心结成较为牢固的村社共同体，并且在村社共同体内逐渐形成自己的文化传统。全国性的社日活动，在上层由王室主持，在民间即在一个个的村社共同体内开展，汉初即明令“民里社各自裁以祠”（《汉书·郊祀志》），即是说祭品的丰俭随乡所宜，不作硬性规定。隋代“百姓亦各为社”，唐宋民间更有祈蚕社、桑神社、鸡豚社、斗草社等名目，反映出社日活动的地方特性。由于社日贴近村民生活，适应着地方文化特性，因此，无论是社日祭祀，还是社日娱乐，都有形无形地表现或强调这一文化特性，强化了社区传统，增进了村民之间的情感联系。社日这种整合地方社会的文化功能，有以下三种表现。

第一，村社成员在祭社活动中易于找到类似统一性的感觉。在社区成员集体礼敬的过程中，社神逐渐成为社区的精神核心，它有着一种内在的凝聚力量，一年两度的社日使这种精神力量周期性地激发与强化，因此村社曾长期成为区域社会的基本单位。

第二，在社日集体的娱乐中，人们获得了沟通思想、交流感情的机会。人们不仅借此协调人际关系，同时也调适了村民的心理，给单调的乡村生活涂上亮彩。人们在鼓与酒的激发下，放纵自己的情感，或“聚饮酣歌”“牲酒相欢”，或“连臂踏歌”，在宣泄情感的同时，也实现了社内成员之间的心灵沟通，进一步融洽了邻里关系。

第三，利用社日会祀的时机，宣讲社区传统，宣布村社规条，规范村社成员行为。社日不仅以祭神、娱乐的形式唤起人们共同的宗教意识与地方情怀，而且还以相应的教化形式和具体的规条来引导、约束乡民，使他们遵循地方传统。这种地方自我约束的形式，导源于秦汉时里社的政教合一的传统，魏晋之后，村社取代里社，虽没有了直接的行政职能，但仍有地方自我管理、自我服务的功能。社日即是村社自我教育、服务及规范的宣传日。村社有尊老、敬老的传统，主持社日祭祀者多被称为“社老”，社日的座次以年龄为序，“虽贵显人不先杖者”，并且由社老讲解古人的“嘉言懿行”。这种社日讲述传统的形式，在当今瑶族地区仍然存在，社老在社庙上“料话”（以韵语的形式表达），同时宣讲地方社会生产条律，会社之后各户参与者回家传达有关村规民约，这与古代社日“谕以乡约”的做法有着一致的联系。

社日在日常的社区生活中包含了多种社会功能，除了上层社会的社日仪式外，民间社日可以说是地方文化的综合表现。社日这种长期适应民众生活、心理需要的全国性传统节日，在经历了三代迄南宋数千年的发展之后，于元明时代骤然中落。

不过，需要特别指出的是，尽管社日在元明之后失去了往日的喧闹，但并没有彻底消亡。其一，明清时代社日虽已退出节日主干体系，但在一些地方它仍然存留，社鼓咚咚依旧，特别是在仍具备社日发生的社会土壤的偏远地区，社日依然保存着鲜活的形态。其二，社日虽然衰落，但社日中一些贴近人民生活的功能要素并未消失，这些功能大多转移、散落在二月诸节中，其中“二月二”保留的社节习俗最多。

三、二十四节气

“清明玉米谷雨花，谷子播种到立夏”“清明早，小满迟，谷雨种棉正当时”“清明浸种、立夏插秧”，这些农谚中的清明、谷雨、小满、立夏等都来自二十四节气。二十四节气，简单地说，就是将这年复一年有规律的太阳年的365天的气候变化，分成24等份，每一等份分别称为一个节气，这就是今天我们所熟悉的立春、雨水、惊蛰、春分、清明、谷雨、立夏、小满、芒种、夏至、小暑、大暑、立秋、处暑、白露、秋分、寒露、霜降、立冬、小雪、大雪、冬至、小寒、大寒。

二十四节气是在逐步摸索的基础上产生的。据《尚书》记载，西周时期就有"二分""二至"的概念。"二分"指的是"春分"和"秋分"；"二至"指的是"夏至"和"冬至"。当时用的是土圭测定日影来确定"夏至"和"冬至"的日期。土圭是一根直立的杆子，太阳照在杆子上，杆的影子投射到地面，杆影的长度与太阳的高度有关。单就一年正午的太阳来说，夏至日正午太阳最高，杆影最短，以后杆影逐渐变长；到了冬至日，正午太阳高度最低，杆影最长；过了冬至日，太阳高度又逐渐升高，于是，杆影又逐渐减短；到了夏至日，正午的杆影又变成最短，年年如此。人们就把杆影最长和杆影最短的那一天分别叫作"冬至"和"夏至"。冬至日白天最短，夜晚最长；夏至日白天最长，夜晚最短。后来，人们又发现"夏至"到"冬至"之间和"冬至"到"夏至"之间有两天白天和夜晚的时间正好相等，并且正好处于这两个日期中间，便分别把它们叫作"秋分"和"春分"。有了"二分"和"二至"这几个节气以后，其他的节气随之产生。战国时期"四立"已经出现，它最初记载于秦国宰相吕不韦等人编写的《吕氏春秋》之中，分别叫作"立春""立夏""立秋""立冬"。在《逸周书·时训解第五十二》和《周髀算经》上，已有完整的二十四节气内容的记载，只是与现在的顺序不同而已。到了西汉初年，由淮南王刘安等人编写的《淮南子·天文训》上，二十四节气的顺序与现在完全一致，说明战国末期至秦汉这一期间，二十四节气已经形成，从那时算起，二十四节气运用至今已有2 000多年的历史。

二十四节气与农业生产关系极为密切。单从节气的名称分析中，我们可以把二十四节气分成四类。第一类是关于四季变化的，它们是立春、春分、立夏、夏至、立秋、秋分、立冬、冬至，农业上的春耕、夏耘、秋获、冬藏，无不与此发生关系。第二类是关于气温的，有小暑、大暑、处暑、小寒、大寒五个节气，根据气温冷热决定农事活动以及种植作物种类，在农业上经常碰到。第三类是关于雨量的，它们是雨水、谷雨、白露、寒露、霜降、小雪、大雪，农业生产需要水来维持，雨露霜雪都与水有关，天旱需要雨自不待说，就是雪，也广为流传着"瑞雪兆丰年"的谚语。第四类是关于农事和物候方面的，有小满、芒种、惊蛰、清明，其中小满表示麦类作物的成熟状况，芒种不仅表示麦类已经成熟，还表明是晚谷黍、稷类作物最忙的播种季节。

二十四节气形成以后，在农业上具有重要的指导意义。围绕二十四节气形成了许多指导农业生产的谚语。如江苏有“谷雨前，好种棉”；四川有“立夏小满正插秧”“大暑不浇苗，到老无好稻”，“寒露到，割秋稻，霜降到，割糯稻”；山东有“秋分麦入土”“白露早，寒露迟，秋分种麦正当时”“春分前后，种瓜点豆”等。还有许多与节气有关的农谚，在此就不一一列举了。

二十四节气是我国古代黄河流域中下游地区人民进行农事活动的经验总结，因此它最能反映该地区的气候特点，在别的地区的运用就可能受到限制。但是，我国人民在实践中肯定和运用它时，并不生搬硬套，而是灵活运用，总结出适宜各地区各个节气的农谚和歌谣，使二十四节气得到广泛应用。西欧国家只有“夏至”“冬至”“春分”“秋分”四个节气。因此，二十四节气是我国古代劳动人民留下的一笔优秀文化遗产。二十四节气至今还在农村广大地区广泛应用，并且渗透到中国人生活的各个方面，是一份有价值的非物质农业文化遗产。在2006年公布的第一批非物质文化遗产名录中，二十四节气被列入其中，这也是第一批518项非物质文化遗产中唯一的一项农业文化遗产。

第三章 农业文化遗产价值指标

第一节 历史价值

中华文明的可持续发展离不开在传统农业探索过程中的不断创造和实践。中国地域辽阔，农业历史悠久，形成了许多类型迥异且极富地域特色的农业生态文化系统。为使我国珍贵的农业文化瑰宝免受消亡的威胁，2012年，农业部正式启动“中国重要农业文化遗产（China-NIAHS）”项目，这也标志着我国成为世界首个开展国家级农业文化遗产遴选和保护工作的国家。近几年，我国农业文化遗产相关政策建设不断完善，理论探索也随之深入，农业文化遗产申报管理工作取得了丰硕的成果，截至2020年2月，已累计收录了5批118项重要农业文化遗产。随着人们对于农业文化遗产重要性的认识不断深入，对农业文化遗产价值的评估愈加重视，农业文化遗产的普查、挖掘和整理工作也更加全面和系统化。

我国关于农业遗产的研究工作早在20世纪上半叶就开始了，农业遗产概念的不断演化也和我国的农史学科发展密不可分。我国最初关于农业遗产的整理工作就以古农书的整校编纂以及传统文献中的农业史料筛选收集为主，现在，历史性更成为中国重要农业文化遗产认定的四项基本标准之一。在农业文化遗产的普查、挖掘工作中，肯定其历史价值、分析其历史演进、阐述其历史脉络是前提工作内容之一，对于探索遗产地的农业技术史、经济史，实现遗产系统的深入研究和保护转变有不可磨灭的现实意义。在我国，人们对于农业文化遗产的认识还停留在对其经济价值的追求上，对于其他价值的认识不够。历史价值作为反映农业文化遗产系统演进过程的核心价值之一，其挖掘与保护利用应该得到重视，但目前关于农业文化遗产历史价值的相关研究较少。本节结合当前遗产挖掘中有关历史价值的评估利用所存在的问题，围绕农业文化遗产历史价值的挖掘、分析和既得成果的保护利用展开讨论。

一、农业文化遗产历史价值的内涵

（一）历史性是农业文化遗产的基本属性之一

农业文化遗产研究与“农业考古”息息相关，前者将后者所涵括的农古文物和文献做更加系统的诠释，同时在历史的无限延续和传统与现实的比较之中延伸出新的资料宝库和研究思路。历史性是农业文化遗产的基本属性之一，这一点从农业文化遗产的分类中即有所体现。目前，学界将广义的农业文化遗产分为物质类遗产、文化类遗产、混合类遗产三大类。其中，物质类遗产可分为农业遗址类、农业工程类、农业工具类、农业物种类、农业景观类五类遗产；文化类遗产可分为农业技术类、农业民俗类两类；混合类遗产可分为农业文献类、农业品牌类两类。这九类遗产的概念以及内涵均包括对历史性直接或间接联系的表述。在农业部发表的《中国重要农业文化遗产认定标准》中，也有关于农业文化遗产历史性认定的明确标准，其标准有二，一是历史起源，二是历史长度。其中，历史起源可有两种类型，可以是遗产地曾名载史册，为该遗产系统主要物种和相关技术的原产地和创造地；还可以是其主要物种和相关技术有客观史料可考证，证明其在中国有过重大改进或本土化改造。历史长度，也可以说是它的时间性，指的是遗产系统在中国的存续和使用时间超过100年。有据可考是历史性认定的硬性标准之一。这个“据”也就是佐证，可以按照资料的表现形式将佐证分为文献类和实物类。文献类，顾名思义，即指明确记载有该农业文化遗产系统主要物种、耕作技术、民族文化、民俗农事、劳动信仰、系统景观或遗产系统相关的具有历史意义的文字或图画资料。实物类则包括考古的动植物标本或活态物种种质、农事遗址、农具、食具、器皿、建筑、雕塑、碑刻、绘画、服饰等在内的各类遗物。这些佐证是遗产系统历史价值的直接具现化，其形象直观，能够真实反映不同阶段不同角度农业文化遗产系统的历史风貌，表现其与特定或重大历史事件的联系性和历史跨度，是推演遗产系统时间、空间上历史脉络的重要连接点。

（二）历史性和历史价值互为依存，不可分割

农业文化遗产是历史累积的产物，它反映了人类文明演进的历史，其传承下来的农业生产方式以及农耕文化体现了不同历史时期的时代特征，具有十分明显的人文和历史价值；但在探求农业文化遗产系统的历史源流、嬗变及其

造成的影响之前必须先对其历史性进行明辨，可以这么说，具备历史性是遗产系统产生历史价值的必要前提，两者互为依存，不可分制。历史性的佐证是对古早先民在遗产地农事探索以及遗产系统知识体系发展变化的真实见证，为我们在勾画先民“天人合一”的农事探索画面时提供可靠支持。以历史性佐证为点，串联当时的时间、人物、地点以及代表性的事件，梳理其渐进步骤，以线绘面，结合不同历史时期发展线索，让农业文化遗产的内涵呈现出有层次、有结构、表现张力十足的历史价值，使杂乱无章的历史材料变成有系统的遗产理论。如北京西北郊皇家园林及其周边种植的京西稻，其所在农业文化系统历史文化底蕴丰厚，在对北京地区水稻栽种历史脉络的系统梳理中，逐渐理明京西稻的形成、发展和历史传承及其与传统园林的关系，在农业遗产文化保护、传统园林文化展示以及遗产的活化利用方面起到典范作用。

二、农业文化遗产历史价值的重要性

（一）历史价值是农业文化遗产核心价值的基石

历史价值不仅是遗产地地域性传统文化符号的抽象体现，更是农业文化遗产核心价值的基石。农业文化遗产的价值研究是农业文化遗产研究的重要组成部分，可为农业文化遗产保护、合理开发利用和管理提供依据。农业遗产体系是“生态—经济—社会—文化”的复合系统，其历史价值与生态价值、经济价值、社会价值、美学价值、科技价值等其他多样化价值共同组成了遗产系统的核心价值。遗产历史脉络在遗产地具有显著的社会作用，其文化遗存和深刻内涵既是研究、观赏的对象，又是当地发展旅游观光、开展休闲农业的重要基础，同时还是增强遗产地居民民族自尊心、凝聚力，形成文化自觉，进行爱家乡、爱祖国教育的特色教材，还可以充当遗产地地方史的珍贵史料，对文献和历史空白等起到正名和补缺的作用。遗产系统的历史价值提供了遗产本身呈现给人们的时间、地点、人物、事件、背景和影响等重要的描述性要素，是系统形成体系化和展现发展性的重要基石和骨架。只有在“骨架”形成之后，遗产系统的时间久远性、生态友好性、可持续发展性等特点才能够被表达出来，其对当地生态、经济、社会、美学方面的价值和深远影响才被逐渐理解和填充完善。

（二）传统农业的历史价值对遗产系统的发展具有积极正向的影响

我国的农业历史是无限延续的，传统农业和现代农业之间的界限也不是泾渭分明的，丰富多样的农业文化遗产系统存续至今，为后人所发掘，必定是经过时间考验，具有活态性和适应性的。其活态性和适应性就体现在，不同发展阶段系统面对变化的环境条件所表现出来的弹性、恢复能力、适应能力和变相发展能力，从而使人和自然的关系呈现出一种可持续性的生态友好性的正向发展趋势。这个正向发展趋势在遗产系统的历史脉络和演进过程中得以表达：在当下，反映出遗产系统在即时的胁迫作用和发展机遇下呈现的具体情况；回溯看，还原其往昔时代的经济、农业、生产力和科技发展水平，发掘其民俗、信仰、观念等深层内涵；向未来，在遗传系统与生态环境的协同进化、动态适应的典范中不吝给予现代生态农业发展道路启发和借鉴。我们不难发现，传统农业所表达的观念构成了当代生态农业的基础，现代农业的生产中也不乏与传统有关的因素和事物，农业遗产即使在集约化的生产和生活中也保留着或是实物形态或是习俗、技艺、谚语等形式的传统农业碎片。因此，深度挖掘农业文化遗产的历史价值内涵，对我国的生态农业建设和未来发展具有重要影响。

三、遗产系统历史价值挖掘工作中的主要问题

农业文化遗产是地方或民族特色突出、鲜明的文明和文化，其瑰丽而跌宕的发展脉络有的或许已无从印证，我们只能从残存典籍的只字片语中尝试推测其兴盛与衰败。2016年，农业部号召在全国范围内开展农业文化遗产普查工作，各地方政府和民间团体纷纷响应号召，对全国范围内具备历史性条件的农业生产系统进行考证与筛查，在初步填充我国农业文化遗产后备名库录的同时，也暴露了一些问题。

（一）对历史性判定标准的认知不深刻

需要明确的是，推断农业文化遗产的历史演进并非是一锤定音的，它是有赖于我们去探求的。它既有对过去求本溯源过程中的不断完善和丰富，同时也是对当下所处时代进行的真实记录。在这个过程中，真实的考据和符合逻辑的论证就显得十分重要。部分遗产地在整理农业生产系统图文材料时，对于遗产历史性“有据可考”的对象辨识不清，论证思路混乱，在没有时间、空间、

史料证据或演进条件的支持下，仍将物种的起源与演进直接作为或强行演化为该系统特有种质的历史性判定。我国最初的专业农史研究机构、学术刊物均以“农业遗产研究”命名，当时的研究也多以古农书整理校注以及传统文献中农史资料的搜集为重点。然而，遍观现在农业文化遗产申报的书面论述，发现部分材料或加重遗产历史文化价值比重，将不可考证的“口传史料”或神话传说作为史学凭证嵌插于遗产历史脉络的描述之中，盲目夸大和混淆遗产系统历史嬗变过程，起源描述动辄千年万年，失去了农史研究的准确性、联系性和逻辑性。

（二）缺少农业文化遗产历史价值的辨识性工具

在农业文化遗产价值的研究上，学界各有论点，但大多对历史价值在遗产多样化价值中的重要地位持肯定态度。如李明等在研究保护传统农业文化遗产时提出，应当注重留存遗产系统的经济、社会、科学、艺术、历史、情感、生态以及环境等多样化的价值。在遗产系统普查和价值评估的初期，从事该项工作的团队和个人在解读遗产认定相关标准时出现认知偏差，在借助国家标准、政策文件等相关内容时，会不可避免地仅从个人理解的角度对遗产多样性价值进行辨识。基于此，关于建立健全农业文化遗产多元价值评价体系的呼声愈高，已有研究开始逐渐向此方向侧重，如刘启振等采用德尔菲法和层次分析法尝试进行遗产系统的价值评价指标、评分标准与评价体系的确定。目前，尚没有标准统一、适应性高、应用简便、学界普遍认可的农业文化遗产价值评价体系，相关研究也多倾向于参考非物质文化遗产资源的价值评价方法，在凸显农业文化遗产特色权重方面有所欠缺。对于国家相关标准的认知不足，又缺乏能够辨识历史价值的“工具”，使得遗产系统历史价值的表现方式和挖掘途径过于单薄，掣肘了其核心价值的深度挖掘和利用。

（三）从事历史性挖掘的专业团队结构不合理

农业文化遗产筛查初期，通常由地方政府主导，或联合行业协会、地方企业、民间团体、学者、务农有成的老农以及遗产地居民等利益相关者临时集结为项目的工作队伍，而一个农业文化遗产系统的深度探索往往需要农业、生态、历史、环境、经济、文化、社会等多领域人才共同参与，单独学科的理论是不足以诠释农业文化遗产的复杂系统的。在遗产价值的全方面评估与开发阶段，普遍存在工作团队的学科专业结构不合理、专业性人才缺乏的问题，在历史价值的开发与挖掘方面尤其突出。遗产历史脉络的详细梳理和深度辩证工作通常信息冗杂，工作量大，实地考察过程辛苦，既要农史兼通，又要潜心钻研，遗产地范围内从事该项工作的学者往往年岁偏大，而当代年轻人受多元的价值观影响，愿意投身其中的又寥寥无几，使得团队的年龄梯队出现明显的断层。同时，普通的遗产地居民和老农往往无法从自己耳熟能详和日常接触的事物中辨识或者提取出遗产的价值精髓，需要专业性人才参与引导和代为编纂，而这类农史类专业人才的匮乏也使得开发遗产系统相关农旅产业时，出现历史文化资源支撑薄弱的现象。

(四) 民众的保护意识淡薄，历史价值的延伸方向及空间受限

目前，我国实施农业文化遗产保护工作的主体大多为地方政府，相比非物质文化遗产，大多群众对于农业文化遗产的认知度仍然不高。除遗产地居民外的游客和消费者们对于农业文化遗产的认识尚局限在“耕种技术”或“土特食材”的层面上，对于遗产系统人文价值、观赏价值和历史价值等开发的不完善，也使得这些潜力巨大的核心价值处在公众认知的盲点中，而这种对历史价值的忽视也导致了民众主动参与历史价值开发和保护的意识淡薄。各个遗产系统均有其独特之处，是极具地域性、代表性极强的传统文化符号，因此，历史价值的产业转化过程中，求其“精”、求其“独”才是“正路”，泛泛式的项目建设和不加甄别的模式照搬反而使其历史价值的空间受限。同时，在遗产核心价值的功能拓展中，不同价值所占的拓展权重应当具体问题具体分析。如浙江省青田县稻鱼共生农业遗产的生态环境保护与景观保留价值最为突出，文化传承价值在其次；而羊楼洞茶文化农业遗产的历史价值最为突出明显。不同价值不恰当的开发权重分配以及不准确的功能定位都会导致遗产历史价值延伸方向出现偏差。

四、遗产系统历史价值保护利用的对策探讨

(一) 重视口述材料的抢救

在农业文化遗产系统中，有许多传统的、原生态的栽培方法和技术工艺传承方式独特，精专的农人、匠人年事已高，对于传承过程讲求“口授心传身教”，典籍记录并不全面，其个人的成长和家族的演绎也都有可能隐藏着遗产系统的发展线索，有些体现遗产系统时代特色、传统工艺的口诀、戏曲和人物事件

回忆正逐渐消失在遗产地亲闻、亲见、亲历的“三亲者”之中。这些遗产系统历史参与者口中的历史采录已经万分紧迫、刻不容缓。在农业文化遗产系统的挖掘和田野调查中，参与式调研越来越彰显其优势，口述历史不仅能够填补遗产系统史料缝隙，同时，在受访者与访问者互动式的回忆和追问之中，能够逐渐引导出乡村历史的时代面貌新资料，启发遗产挖掘的新思路，转换研究新视角。口述材料的抢救不仅仅是在追忆和记录农业文化遗产过往，更是一种凝聚乡村情感的文化干预手段，在激发遗产地居民的文化自觉方面发挥资政教化的独特功能。

(二) 建设工具化的遗产历史价值评价体系

要想充分实现农业文化遗产系统历史脉络的研究、保护、挖掘和利用，首先必须对其历史价值有明确而系统的认知。因此，应当由政府组织建立健全农业文化遗产多样化价值评价体系，促进遗产历史价值评价标准的工具化、定型化。在评定标准的制定和工具化过程中运用信息化手段，借鉴多学科研究方法，采用科学的数理方法，构建价值评估体系，但要注意不可直接套用既定的认定方法，以免遮蔽农业文化遗产自身价值的独特性。在求同和求异的兼顾之中，形成包括筛查、判定、挖掘、整理和分级等内容在内的系统性程序，使从事遗产地工作的专门团队可以按照规定的程序来初步辨别和评估遗产系统的历史价值的权重，确定保护发展规划的重点，使规划具有针对性，同时形成科学的、辩证的、个性化的历史脉络论证，为进一步探查其价值的内涵和外延做积淀。同时，在这项“工具”的使用过程中启发关于遗产研究范式的创新思维，并引导和鼓励被评价的遗产系统向正向的目标前进。

(三) 为多领域多学科的人才团队集结创造环境

农业文化遗产历史价值的深度挖掘和保护需要多学科多角度的深入研究，产业化的休闲农旅开发和社区关系的协调建设甚至涉及了社会学、人类学、经济学、管理学、地理学等，我国目前的研究已经呈现出多学科、多元参与的趋势，但仍需要继续为专业团队的孵化创造环境。一方面，遗产地政府应当加强关于人才建设方面的制度制定和规划实施，增加激励机制，对当地从事农业文化遗产研究的组织、民间团体和个人给予实质性的扶持和投入，鼓励地区农业、生态、历史、民族、环境、经济、文化、社会等多领域人才，以团队的形式开展农业文化遗产的历史挖掘工作，让当地有意愿从事该项工作的青年才俊能够获得加入团队研究的信息和渠道。另一方面,要加强与全国和地方高等院校和农业文化遗产研究机构的合作,加强农业文化遗产历史价值的个案研究,在其历史性的探索和梳理中听取专业性意见,引进智力支持,促进研究成果的产出。同时,在与专业性机构的合作中注重遗产地专业人才的培养、使用和准备,打通人才循环通道,为遗产系统综合性、专业性人才的催生创造条件。

(四) 协调处理挖掘、保护与开发利用的关系

农业文化遗产反映了传统农业的思想理念、生产技术、耕作制度和历史文化内涵,在许多方面值得现代农业借鉴,应该给予足够的重视和保护,其历史价值的保护与开发更需要合理、长期的规划,逐步推进历史文化资源向产业化资源转化时应当处理好保护与开发的关系,同时开展农业文化遗产的监测和反馈工作,切实维护遗产自身的历史特征和价值,促进遗产地保护目标和发展目标得以实现。需明确的是,遗产的挖掘保护与开发利用是对立统一的关系,这就要求我们在落地规划时把握好"度",既不能过度开发利用使遗产的历史印记失去特色难以存续,也不可过度强调保护导致它丧失活力和发展的动力。遗产系统的部分历史文化资源可能只具有考古和学术价值,不具备旅游价值,不加区别地过度开发以及强行向经济和社会服务方向转化可能会导致遗产系统历史文化原本的样貌遭到损害。过度保护则会将遗产系统的历史文化内涵"束之高阁",使其面临消亡的威胁。农业文化遗产的创造者和传承者是农民,遗产的保护必须调动农民的积极性。无法实现遗产地居民受益的过度保护,相当于间接抽调了遗产地乡村振兴的内生动力,对遗产地的社会经济发展有害无益。

(五) 加强遗产地的文化干预和激励机制

在农业文化遗产的保护与利用中,能够发挥最大作用的主体是社区居民,而经济因素以及情感因素是影响社区居民、企业参与的主要因素,因此,对遗产地适当的文化干预和建立合理的激励机制是保护和发展遗产系统的必要手段。加强文化干预,重视社区参与,使遗产系统的农史文化免受消亡的威胁,提高遗产地居民对于遗产系统的认知,切实提升遗产地居民的文化自觉能力;注重社区居民、企业的利益,实施切实可行的激励机制,合理化利益分配,达到利益相关方的和谐统一,促使社会各界广泛参与到遗产系统的保护和发展建设中来。同时,通过多元化的文化干预手段,打造有内涵的个性化遗产文化品

牌，在保护、传承和发展特色地方农业遗产的同时，为本地乡村建设添加核心的文化内涵支持，使遗产地居民怀着自信心和自豪感，在家乡建设中充分发挥其无限的创造力，为遗产地经济、社会和文化的协调发展提供内生动力。

我国关于农业文化遗产的理论探索和管理实践正逐渐丰富，"全球重要农业文化遗产"项目的筛选工作正不断推进，农业现代化生产和实现民族文化自觉的目标也任重道远，这些都迫使农业文化遗产的保护发展规划和研究内容向不同方向、不同角度逐渐"精细化"。因此，挖掘农业文化遗产历史价值对于以上工作的正向支持作用已不容小觑。通过抢救口述材料，建设遗产历史价值评价标准体系，创造专业人才孵化环境，建立激励机制等措施，针对性地辨识和解决当前工作中的问题，实现农业文化遗产产业化转化中"泛做产业，细读历史，精做文化"的目标，最终实现遗产地经济、社会、人文水平的全面提升。

不谈经济与社会价值，仅从感性角度来看，笔者认为农业文化遗产最打动人心之处就是其丰富的历史文化内涵。我国的农耕文化绵延万年，祖辈的哲思与勤奋在田间地头年复一年的劳作中化作乡村的时序印刻，传至今日，演变为璀璨的农业文化遗产瑰宝。在农业文明与工业文明相遇的今天，我们本着求索的心，带着有目的的理性思考和文化意识，尝试去理解、探寻农业文化遗产古老历史中关于"天、地、人"的智慧与和谐、诗意与温情。农业文化遗产不仅与人们的生产和生活息息相关，更是遗产地先民经由共同的历史实践而形成的文化情感体系。历史的丢失会带来文化失忆，因此，在追求农业文化遗产的自然生态保护和乡村持续发展中，切不可使珍贵的历史印记凋零于陈腐、枯燥的楼阁之中。要以机敏的现代目光去观照、思考和发掘农业文化遗产历史发展线索，通过对遗产历史价值的不断挖掘与动态保护，使遗产地居民在集体记忆的梳理中获得情感的归属，在耕作不辍的传承中找到乡愁的栖居，在农业文化遗产的传承与发展中不断迸发出生命的精彩。

第二节　文化价值

我国作为世界农业的重要起源地之一，在长期的农业生产活动中，劳动人民为了适应不同区域的自然条件，创造了至今仍传承使用的具有重要价值的农业技术与知识体系。生态农业作为继承了中国传统农耕文化精华的农业形式之一,除了具有一般农业所具有的生产功能外,还具有重要的生态功能和文化功能,是一种多功能农业,具有重要的文化价值。随着休闲农业、生态农业的发展与对农业文化遗产的保护,农业的文化价值备受重视。目前,在生态农业及其相关领域中,对于其文化价值的探讨与研究还处于起步阶段,相关研究较少,已有研究主要从以下两方面来展开。第一,从具体案例出发,阐释研究对象的文化价值。如学者耿视芳对古茶树资源的文化价值进行了内容界定,并主要界定为历史研究价值与茶文化研究两大方面。第二,从整体出发,界定文化价值的构成。如李明等将农业文化遗产的文化价值构成分为文化多样性价值、文化传承价值、文化特色价值;而何露等则将农业文化遗产的文化价值界定为保护文化的多样性、教育价值、审美休闲价值以及文化的创造和传承。对于什么是生态农业的文化价值、其内涵和构成是什么,目前相关研究中未有清晰的界定。因此,有必要通过对相关研究领域中文化价值的研究、内涵与构成的研究和界定进行溯源与借鉴,对生态农业的文化价值进行内涵与内容构成的界定,以促进生态农业文化价值的挖掘、保护与发展。

一、文化价值

(一) 文化价值的概念与内涵

价值是一个多领域的概念,它既是经济学术语,也可归为哲学范畴,但在大部分情况下,价值是指一定的对象对主体的理想的生存状态具有肯定(或否定)意义的特质。文化价值是价值的重要组成。董珂在关于遗产文化价值的探讨中,认为文化价值是指历史遗产本身的价值属性对现代思潮的影响以及对现代文化的借鉴、充实和完善作用。宋军卫对森林的文化价值进行了探索,他认为森林的文化价值是指通过发挥森林的生态美学、科学教育、历史文化功能等来满足人类精神层面需求的价值。李明等认为农业文化遗产的文化价值是指其在长期的农业生产实践和历史发展进程中所积淀的特有的文化基因和精神特质,具体表现为农业在保护文化多样性及提供教育、审美和休闲等方面的作用。此外,根据联合国教科文组织大会通过的《保护世界文化和自然遗产公约》和《保护非物质文化遗产公约》及相关文件,世界遗产的文化价值主要体现在历史价值、艺术价值和科技价值这三方面。综上所述可以看出,文化价值是指某种文化对人的生存和发展所具有的功能或意义，一定的价值对象对促进文化的发展及社会的文明化具有重要的功能和意义。

（二）文化价值的内容构成

文化价值是一个复杂多元的概念，要对其进行研究，必须对其进行分析和解构。关于文化价值的内容构成，目前暂无统一的分类标准。Throsby将文化价值分解为审美、历史、社会、精神、象征和真实价值六方面。在对不同主体的文化价值进行解析研究时，Koch认为森林的文化价值包括景观美学、历史考古宗教、旅游等内容。刘芹英认为森林型自然保护区的文化价值包括美学、精神、历史、科学、象征和休闲游憩价值六部分。刘亚男将遗产的文化价值解析为历史价值、艺术价值、精神价值、科学价值和政治价值五部分。李明等认为农业文化遗产的文化价值包括维持文化多样性价值、文化传承价值、文化特色价值。何露等认为农业文化遗产的文化价值包括文化的创造传承、文化多样性的保护、教育价值、审美休闲价值。千年生态系统服务评估指出，生态系统的文化服务功能包括精神价值、美学价值、教育价值、休闲价值等内容。文化价值的构成虽然在分类上存在一定的差别，但是其主要价值，即文化传承价值、科学价值、历史价值、科普教育价值、审美休闲价值，被大多数学者的文化价值分类体系所包含和认可。

二、生态农业的文化价值

生态农业的发展不仅为社会提供了多样化的产品，同时其所具有的传统农耕方式在适应气候变化、提供生态系统服务、农业生物多样性，以及农耕文化多样性的保护和活态传承等方面具有独特的优势。生态农业系统传承了高价值的传统知识和文化，维持了可恢复的生态系统，同时也保存了具有全球重要意义的农业生物多样性，具有重要的多功能性，这就决定了其在农业生产、生态保护以及文化传承等方面具有重要的价值。根据前文对于文化价值内涵的界定，并结合对于生态农业功能的分析，笔者认为生态农业的文化价值是指其在长期的农业历史发展进程中所形成的文化基因和精神特质，具体表现在两个层面。第一是其在休闲、审美和教育等方面的价值。第二是其对于文化尤其是农业文化的创造、传承、发展与保护所起到的促进作用。

三、生态农业的文化价值评估

在《经济学与文化》一书中，Throsby指出要对文化价值进行评价，首先必须将文化价值这个复杂抽象的概念解构成几个简单、具体、易于把握的构成要素，然后根据各个要素的特点采用合适的方法进行评价。由于文化价值本身具有复杂、抽象、较难量化等特性，因此评价时可综合采用定性和定量相结合的方法评价。在定量评估时，目前的相关研究多采用主观性较强的价值评估法来间接评估其价值。谈存峰等在对西北干旱半干旱区农业的文化价值进行评估时，采用了旅游费用法来测算，将人们对旅游费用的支出视为旅游价值的意愿支出，用旅游收入替代，以此来评估农业的文化价值。秦彦等采用费用支出法和间接价值估算法评估了张家界森林公园的文化价值，结果表明采用间接价值估算法的评估结果较稳定，而采用费用支出法的评估结果变化较大。此外，也有学者通过建立传统知识的重要性指数来反映农业文化遗产系统对于传统知识与文化的传承价值，相关农业遗产系统内传统知识和文化的遗产项目数越多，入选的名录级别越高，其重要性也相应越大，从而认为遗产系统的传统知识与文化传承价值越高。

总的来看，目前对于文化价值，尤其是生态农业的文化价值评估的相关研究还处于起步阶段。生态农业的文化价值从其内涵来看，主要是指生态农业对文化发展所起到的积极作用，其"价值"基本等同于"功能"，因此其价值评估在一定程度上可视为对生态农业所具有的文化价值或文化服务价值的定量估算。在相关主体的文化服务价值评价的研究中，以生态系统的文化服务价值评估最为系统，并且已经成为生态系统文化服务研究的热点，相关研究也有了一定的基础。因此，可借鉴生态系统文化服务价值评估的研究方法，对生态农业的文化价值进行评估。

我国的生态农业根植于中国的文化传统与长期的经验实践，具有重要的文化价值。文化价值是一个复杂多元的概念，不同的研究者对于不同的价值主体，对其内涵及构成的界定不同。本研究通过借鉴不同研究领域对于文化价值的界定，按照全面性的原则，将生态农业文化价值的构成界定为文化传承价值、历史价值、科研价值、科普教育价值以及审美休闲价值五大类，基本涵盖了现有研究对于农业及相关领域中文化价值的内涵和构成的界定。

本节对于文化价值的内涵界定和构成分类也非唯一的标准，随着对生态农业文化价值认识的不断深入，其构成分类也可进一步细化。此外，在关于生态农业文化价值的评估中，不仅要考虑相关评估方法的选取，同时对各组成价值的量化也需要考虑其组成价值的类别及其区域性。因此，对于不同区域、不同类型的生态农业，各组成价值的重要性也不同。在乡村振兴的背景下，充分认识生态农业的文化价值内涵，并在此基础上深入发掘生态农业的文化价值，对于促进乡村的文化振兴、产业振兴、组织振兴等都具有重要意义。

第三节　经济价值

一、农业经济管理在农村经济发展中的策略

从目前我国农村经济发展情况来看，农村经济是我国经济发展的重要组成内容，农村经济的发展程度直接关系到“三农”问题能否得到妥善的解决。面对农村经济发展如此重要的地位，在农村经济发展过程中，要想农村的经济发展能够满足农村地区的实际需求，必须要充分利用农业经济管理手段，并在应用过程中不断地对其进行优化，利用农业经济管理的优势，来为农村经济发展提供制度保障，同时还要利用农业经济管理措施来解决传统农村经济发展过程中存在的问题，确保农村经济能够以一个稳定持续的状态发展。

(一) 现阶段农业经济管理的现状

在新形势社会背景下，农业经济没有适应社会的变化，在管理过程中仍然存在很多问题有待解决：

1.经济管理体制无法满足社会发展需求

在我国市场经济体制下，农村地区的经济也得到了相应的发展，然而目前在农业经济管理过程中并没有建立与之相对应的经济管理体制。这不仅无法适应当今社会的发展，同时还无法促进农村地区的经济发展；甚至在某些管理方面存在的缺陷还会对农村地区的经济发展带来很大的负面影响。

2.管理人员对经济管理的忽视

农业产业在我国经济发展过程中受到了足够的重视，关于农业经济发展的管理规章制度也相对健全，但是由于落实效果较差，落实到农村地区并没有

得到人们的高度重视，执行力度严重不足，导致农业经济管理的效果十分不佳。具体问题表现在：农业经济管理人员的思想素质能力不足，无法将管理方法和规章制度结合在一起，国家下发的相关政策也没有完全贯彻落实，在管理者的思想意识中没有认识到农村经济管理的重要性。在农业经济管理过程中，一些管理人员缺乏高水准的知识水平，而且管理结构也十分单一。这就导致农业经济管理需求与市场化发展需求得不到有效满足，进而使农业经济管理效率不高，农村地区的经济增长也十分不明显。

3.整体运行管理体系缺乏创新

在我国城镇化建设效率不断加快的背景下，城市对劳动力的需求日益增加，大部分农民都在可靠薪资待遇以及其他综合因素的影响下选择来到城市发展，虹吸效应十分严重，这样的现状也导致了城市与乡村之间的距离被不断拉大。在这样的社会背景下，农业经济管理的方式仍然十分传统，而且模式相对单一，农业经济管理体系缺乏创新性，从根本上导致了目前农业经济管理的优化措施应用受到了阻碍。

4.管理工作人员的素质有待提高

从农业经济管理工作的本质来看，管理工作质量的主要决定者是人，工作人员的管理在很大程度上决定了经济管理工作的整体效果，尤其是在农业经济管理过程中，表现的更为突出。农业经济管理要求工作人员必须具备良好的综合素质和专业素养，能够有效平衡理论与实践之间的关系。但是，受区域条件等多方面因素的影响，我国农业经济管理工作人员的整体素质相对较低，对于农业经济管理方面的工作也没有充分的认知，无法解决在农业经济管理中出现的各种经济纠纷问题，在日常管理工作中更多的还是倾向于经验主义，对农业经济管理工作的判断和应急水平还需要进一步加强。

（二）农业经济管理优化策略

1.着重构建完善的经济管理体系

农业经济管理要想取得良好的效果就必须要具备一套系统性的管理体系，同时要按照一定的规律来运行。为处理好农业经济管理的相关工作，需要构建完善的经济管理体制来支撑。从具体施加操作方面来看，需要充分借鉴国外先进的经济管理经验，在进行实地调研的基础上，积极采纳多样化的有利做法，同时还要结合我国目前的国情以及各个地区的实际情况，优化之后形成具有实效性的经济体制，为后续的农业经济管理工作奠定良好的基础。特别是对于大量农民群众流向城市的问题，要深入了解出现该问题的原因并考虑可逆转性，以此来全面提高农业经济管理工作的合理性和科学性。

2.因地制宜，优化农业经济结构

我国农业经济管理工作具备一定的复杂性和多样性的特点，需要始终坚持因地制宜的核心理念，将其应用到农业经济管理工作的每个环节当中，不能够对工作模式进行简单盲目的照搬照学。结合目前我国各个地区农业经济发展情况来看，各个地区都有其独有的特点和优势。因此，通过对各个地区的农业经济结构进行优化，以及加强各个地区之间的互相沟通、配合，能有效提高我国农业经济管理的效果，进一步提高当地农村经济管理工作的活力，并对我国长期可持续发展的理念起到推动作用。除此之外，还要充分发挥农业经济管理人员的作用，在严格掌控农业经济管理相关工作人员的引纳时，还要安排相应的培训活动，采取多样化的措施来提高工作人员的专业化程度，在必要时可以利用脱产培训的方式来确保相关工作人员能够具备较高的专业素养和综合素质。

3.重视开发并应用先进的科学技术

纵观农业经济管理的发展历程，总体上经历了从人工到人工与机械相结合的流程。能够肯定的是，将先进的科学技术应用到农业经济管理过程中，能够有效提高管理工作的效率，进而使农业经济管理工作实现跨越式的发展。为了有效提高农业经济管理工作的质量，相关工作人员需要将多个领域的科学技术进行组合式的开发应用，让先进的科学技术为农业经济管理工作开辟创新道路。通过提高农业经济管理工作的机械化水平，能够将广大农民群众从复杂繁琐的劳动工作中解放出来，鼓励他们将有限的时间和精力投入到促使农业经济高效发展的领域当中，进而持续提高农业经济管理的总体水平。

二、农业经济管理对农村经济发展的价值探究

农村经济是我国经济发展中不可缺少的一部分，并且农村经济的发展直接影响到“三农”问题的解决和城乡规划问题。基于此，如何改善实际发展措施并使其完全符合当下发展要求是学者进行研究的重要方向。农业经济手段是发展农村经济的有力保障和重要基础，研究农业经济管理的现实意义和重要价值并分析其使用过程中出现的问题具有重要意义。

(一) 农业经济管理在农村经济发展过程中的价值

1. 在制度上提供保障

加强农业经济管理可以使管理人员及时掌握农村经济实际发展情况，并且依据相关数据分析将其具体的发展内容数据化，充分发挥信息的作用，落实管理制度，同时完善农村经济制度。此外，农业经济管理制度还能使农民的实际操作手法更加规范、科学，转变传统的思想理念，实现农业资源的有效整合。

2. 在理论上提供可靠指导

农村经济的发展方向依靠农业经济管理工作的指导。在进行有效的农业经济管理之前，部分农村地区的实际文化水平较低，且农业生产模式按照传统或是自身经验进行，没有以科学的理论作为可靠的指导，容易在发展过程中出现各类经济纠纷，导致农村地区经济受损，严重阻碍了地区经济发展。农业经济管理手段可以为农村生产发展提供可靠的理论指导，并提供一系列的合理解决措施，为农村经济发展创造有利的环境氛围。

3. 为农村经济发展提供良好环境

农业经济管理的发展能够给农村经济带来新的活力，在引进人才的同时改变当地的人文环境，为农村经济发展吸引一部分劳动力，改善当地的经济结构。农业经济管理还可以改变人们对农村固有的印象，鼓励群众回乡进行经济建设，有利于吸引企业对农村经济进行有效投资，促进文化和经济与时代发展接轨，在建设美丽乡村的同时缩小城乡差距。

4. 规避发展中出现的不利因素

农村经济在实际发展过程中容易受到约束，并且受环境等多个因素影响。对此，通过科学的管理方式可以规避一部分不利因素，同时能够扩大生产规模，实现农业的高效绿色生产。此外，农民往往在实际的生产活动中没有利用科技进行生产的诉求，而使用农业经济管理可以帮助农民认识到科技生产的重要性，调动农民的生产积极性，正确处理好生产与分配的关系，使农村经济发展与我国构建和谐社会的观念相吻合。

5. 实现对资源的集约化利用，推动产业升级

长期以来，我国的农村经济处于资源利用率低、分配不合理的状态，不仅导致农村经济的发展水平欠佳，也影响我国可持续发展战略的落实，造成了环境污染、生态破坏、资源浪费等重大问题。农业经济管理的现实意义在于实现

对资源的统筹规划、合理分配，让农村经济在发展的过程中实现资源集约化利用，不断推动我国的农村产业升级，帮助农村进行产业转型。此外，农业经济管理还可以深入农村经济发展的各个环节，通过现代化管理模式弥补传统农村经济发展方式，推动农村经济向好发展。

(二) 农业经济管理在农村经济发展中的现状与问题

1.相关技术能力掌握不到位

首先，农村地区的养殖户本身知识水平有限，对农业管理模式和相关的技术了解有限，在相关技术的应用上存在一定的局限性，不利于农业经济的转型和升级。其次，在管理工作中，不论是大数据技术还是专业的统计技术都没有得到更深层次的利用，技术掌握不到位的问题使得管理决策工作的效率低，造成了一系列不良的影响，与初始的管理目标背道而驰。

2.整体运行管理体系缺乏创新

我国城镇化建设进程逐渐加快，城市对劳动力的需求远大于乡镇对劳动力的需求，导致部分农民放弃原有的农业生产而进城务工；农村劳动力短缺导致生产规模难以在不破坏生态的情况下继续扩大，阻碍了农村经济的发展，进一步拉大了城乡差距。农业经济管理依旧延续传统方式，模式单一且缺乏先进性和创新，不能发挥农业经济管理对农村经济发展的重要作用，致使农业经济优化工作出现问题。

3.缺乏宏观体系的发展对策

农业作为市场经济发展的基础性产生，其影响因素多且复杂，同时与其他的生产销售有着重要的关系。但是，目前农业经济的发展以微观调节为主，没有建立一个宏观体系将农村经济发展内部的因素联系起来，对农村经济的发展非常不利。

4.农业经济产业结构存在问题

农产品总体质量不高，优质品种少，不能满足市场对优质化、多样化农产品的需求。从农产品的品种和质量结构来看，我国农产品供给体现出“四多四少”的特征，即大众产品多、优质产品少，低档产品多、高档产品少，普通产品多、专用产品少，原始产品多、加工产品少。

此外，部门结构不尽合理。目前，在农业产业结构中，种植业与林业、畜牧业和渔业的比例失调，种植业的比重依然偏高，而其他行业的比重偏低，尤其是畜牧业发展相对滞后。具体在粮食生产方面，我国粮饲不分，粮食既是口粮，又是饲料，这样既不经济，又不科学，还增加了土地和粮食供给的压力。在饲养业中，畜牧业结构长期偏重于耗粮型的养猪业生产，节粮型的草食畜牧业和饲料报酬率、蛋白质转化率高的禽类生产发展不足。

（三）农业经济管理的具体优化策略

1.加强对农民技术培训的重视

对产业发展来说，技术宣传培训工作必不可少。我国农业部门应给予群众正确的指导，让群众了解农业经济管理技术，定期组织农业经济管理的讲座和普及教育，让群众了解农业经济管理的详细技术知识，将农业经济管理更先进的技术真正用于农业生产，帮助农业经济管理实现腾飞。

2.运行体系上注重科技创新

农业经济管理发展需要重视人工与机械相结合的步骤流程。将先进的科学技术应用于农业经济管理的过程中，能够有效提高工作效率，使工作与时代发展接轨，并且实现飞跃式的进步。为使科技更好地与农业经济管理相结合，相关人员需要积极加快科技研发，在农业产业中利用多个领域的技术，为农业经济管理工作开辟创新性发展思路，提高农业经济管理的机械化水平，鼓励广大生产者将更多的精力投入到提升农业经济以及产业升级中，从而有效解决农村经济的封闭性问题，为社会和谐稳定以及经济整体水平的提升做出贡献。

3.构建完备的宏观经济管理体系

农业经济管理想要取得优异的管理效果，就必须按照系统化和科学化的方式进行系统运作，在处理好农业经济管理工作的基础上，构建完善的体制。工作人员首先要有效分析国内的农村经济发展状况，然后借鉴国内外的相关经验，利用试验的手法探究实际效果，形成具有中国特色的管理系统方案，为后续的农村经济工作开展提供重要的基础；尤其是解决好当下农村劳动力大量流向城市的问题，分析问题的本质并探究其解决方案，解决经济发展问题的同时处理好社会问题，保证不会忽视“三农”问题中的任何一个，做到科学化的农业经济管理。

4.优化农业经济产业结构

我国农业经济管理具有一定的复杂性和多样性，只有坚定因地制宜这一理念，才能够让农业经济管理真正贴合农民群众的需求，而不是流于形式，照搬现成的农业管理模式。依据当前我国各个地区农业发展的实际情况来看，不同的地区有其独特的文化传统和相应的发展水平。因此，在规划经济结构管理时，需要按照当地的实际情况进行，加强各个地区之间的联系和互通，有效提高实际管理效果，进一步提升管理水平，对我国农村地区可持续发展起到长效作用。

此外，在进行优化农业经济产业结构的时候，还需要测试相关管理人员的实际工作水平，确保工作人员的相关管理知识正确且完备，避免出现工作人员与产业工作脱轨的现象，不断提升每位工作人员的专业能力和综合素质，优化产业环境。

第四节　社会价值

中国现存数量巨大、种类丰富、分布广泛的农业文化遗产。这些价值难以估量的文化瑰宝既是全球文化的重要组成部分，对中国可持续发展战略而言又是意义非凡的农村文化资源。作为最早参与农业文化遗产研究和保护的国家，中国在传承和创新农业文化遗产领域一直走在世界前列，并在把该项工作与精准扶贫、生态文明建设等战略有机结合领域做出了富有成效的努力。

2017年，习近平总书记在党的十九大报告中提出乡村振兴战略，并强调："农业农村农民问题是关系国计民生的根本性问题，必须始终把解决好'三农'问题作为全党工作重中之重。"新时代背景下各界对乡村的全面振兴给予了更多期许，对如何将各种农村文化资源转化为最大的综合效益提出了现实要求。农业文化遗产作为重要的农村文化资源，其传承、保护、创新、应用也将面临更大的机遇与更高的要求。我们要正确认识农业文化遗产和乡村振兴的关系，理解农业文化遗产在乡村振兴中的当代价值，在乡村振兴背景下传承和发展农业文化遗产，通过农业文化遗产的保护与创新来推动乡村振兴的进程。这些是中国当前需要认真思考和深入研究的问题。

一、农业文化遗产与乡村振兴的紧密关联和高度契合

农业文化遗产与乡村振兴战略都是近年来兴起的热点，虽然在概念、内涵

等方面各有不同,但在中国可持续发展的实践中两者存在着较为紧密的关联性和较高的契合度,主要体现在以下三个方面。

(一)分布地域大体重叠

农业文化遗产是农村与其所处环境长期协同进化和动态适应下所形成的独特的土地利用系统和农业景观,具有活态延续的特点。因此,农业文化遗产只能分布在一直传承农业传统生计方式和知识技术系统,并保有相应农业景观的农村地区。乡村振兴战略是针对乡村全面发展的国策,明确要坚持农业农村优先发展,把农村地区作为战略实施的优先地域和主战场。因此,无论是农业文化遗产保护和发展工作,还是乡村振兴战略实践,都把中国农村作为政策面向和贯彻落实的地方。

中国的广大农村保有丰富多彩的农业文化遗产。截至2023年9月,中国已经获得19项全球重要农业文化遗产和188项中国重要农业文化遗产。随着中国和全球重要农业文化遗产工作的稳步推进,以及省级重要农业文化遗产概念的提出,将有数量更多、层次更细、分布更均匀的优秀农业文化遗产获得国内外的认可与推介。发掘、申报、遴选、保护这些农业文化遗产的过程,就是获批的中国重要农业文化遗产地和乡村振兴的地域不断扩大重合面积的过程。

未评选为遗产地的农村地区并非没有农业文化遗产;相反,还可能拥有非常优秀的传统农业知识与技术系统。这些农村地区未进遗产地名录的原因较多,较为常见的因素是当地传统土地利用技术系统已经由相似遗产地申报成功。例如,浙江省青田县因其传承1 200年的稻鱼共生技术系统、独特的稻鱼文化和优美的稻田景观,于2005年6月被联合国粮农组织列为首批全球重要农业文化遗产保护试点,成为中国的第一个全球重要农业文化遗产地。事实上,稻鱼共生技术系统在中国农村不少地区都有传承,不仅在浙江青田周边县区有传承,而且在遥远的贵州、湖南等地也有类似技术。不过,浙江青田作为稻鱼共生技术系统的代表获得了遗产地殊荣,自有其突出价值和历史机遇,在保护和发展该类农业文化遗产时起到了极好的示范作用。因此,在农业文化遗产地的示范和启发下,未获头衔的广大农村地区仍然可以依托各自保有的农业文化遗产来加快本地乡村振兴的步伐,实现重合地域的可持续发展。

（二）发展目标基本相似

习近平总书记在《把乡村振兴战略作为新时代“三农”工作总抓手》一文中指出：“农业农村现代化是实施乡村振兴战略的总目标。”“产业兴旺、生态宜居、乡风文明、治理有效、生活富裕是总要求”。农业农村现代化既不是“农业现代化”和“农村现代化”的文字叠加，也不是“农业现代化”或者“农村现代化”的简单延展，而是两者协同推进、相得益彰的科学发展进程，包含农村的产业、生态、文化、社会治理和农民生活等各方各面的和谐发展、有机融合与同步实现现代化。

联合国粮农组织提出保护全球农业文化遗产，旨在建立全球重要农业文化遗产及有关的景观、生物多样性、知识和文化保护体系，通过对遗产的动态保护和适应性管理，促进全球粮食安全、农业可持续发展和农业文化传承。农业文化遗产保护与发展的目标是“在农业生态、农业文化、农业景观保护和生态产品开发、休闲农业发展以及文化自觉、参与能力、管理能力等方面”的总目标和阶段性目标。保护与发展要遵循以下原则：保护优先、适度利用，整体保护、协调发展，动态保护、功能拓展，多方参与、惠益共享。因此，保护与发展农业文化遗产大致出于有利于遗产地的生态、文化、产业、农民富裕等目标。虽然这两项工作在出发点、侧重点、主要内容、范围等方面存在一定差异，但是在总目标和大方向上存在较多一致的内容。

乡村振兴的主要目的是“生活富裕”，具体要通过不断提高农民在产业发展中的参与度、就业率和受益面，确保农民获得长期和稳定的收入，让农民过上富裕幸福的生活。这与农业文化遗产保护与发展的“多方参与、惠益共享”原则在本质上是相同的。以江西万年稻作文化系统为例，在获准进入中国重要农业文化遗产名录之后，经过地方政府的引导扶持和万年贡集团几年的经营，逐步建立起包含22个粮食合作社、36个家庭农场、17个粮食加工厂的万年贡米产业化联合体。这一举措让万年贡集团与遗产地农民组成利益紧密的共同体，带动农民生产优质稻、融入产业链，在集团自身获得优质安全原料和品牌价值的同时，较好地促进农民融合发展的积极性和产业受益程度。2017年底数据显示，联合体内的农民平均每户收入增加2 000 ~ 2 500元/年，效益增加大约30%。江西万年贡米产业发展不是孤立的个案，而是中国现有重要农业文化遗产保护与开发实践中众多产业发展、农民增收案例的代表，与众多农业文化遗产地一起朝着与乡村振兴战略大致相同的主要目标不断推进。

(三) 可用资源较多趋同

农业文化遗产不是指单纯的农业知识和技术，而是更为宽广的范畴，其相关资源包括复合的生态系统、丰富的生物资源、传统知识与技术系统、独特的自然与人文景观、相关的传统文化等。在对农村地区现有的自然条件、水土资源、景观特色、传统文化等优势和区位交通、基础设施、金融服务等劣势综合考虑之后，中国绝大部分农村地区的产业开发适合以"农业+休闲旅游业+生态产业"为重点。农业文化遗产保护与发展规划也基本遵循统一的思路，即整体保护农业生态、农业文化和农业景观，并依托农业文化遗产地的资源重点发展生态农业、特色农产品和食品加工、休闲旅游业和文化创意产业等。所以，内涵丰富的农业文化遗产根植并广泛分布于中国广袤的农村大地，不但与乡村振兴战略的地域大部分重叠，而且可利用的农村资源也普遍趋同。

二、农业文化遗产对乡村振兴的当代价值

在《农业农村部办公厅关于开展第五批中国重要农业文化遗产发掘工作的通知》(农办加〔2018〕10号)的目标要求中，明确提出要"努力实现遗产地生态、文化、社会和经济效益的统一，逐步形成中国重要农业文化遗产动态保护机制，传承发展提升农村优秀传统文化……为推动乡村振兴战略实施做出积极贡献"。学界与相关部门也普遍认为，农业文化遗产的保护与开发对乡村振兴战略的推进具有重要价值和作用。

(一) 农业文化遗产是乡村振兴的重要基础

农业文化遗产是一个包含知识技术、传统文化、自然生态、农业景观、各类物种等众多内容的综合范畴，包括丰富多样的、价值巨大的资源和要素。在特定环境中长期协同进化和动态适应所形成的独特的土地利用系统，就是与传统农业生计密切相关的本土生态知识、地方传统技术，以此为重要内容的民族生态文化长期指导着遗产地农民的生产与生活。与之相应的农业景观，就是特定民族在生态文化和农业知识技术指导下，通过长期改造和维护而形成的，具有一定观赏性的，土地及土地上的空间和物质所构成的综合体。与农业文化遗产相关的自然环境、生态系统、种质资源、相关文化等资源，也都被囊括进了该农业文化遗产的保护与开发范围。因此，内涵丰富的农业文化遗产囊括

了相应区域中的众多物质资源和非物质资源，是一笔价值不可估量的文化宝藏和物质财富。

中国丰富多彩的农业文化遗产资源是乡村振兴战略实施的重要基础和倚仗。四川宜宾竹文化系统是以长宁县和江安县为核心区的农业文化遗产。遗产地资源极其丰富，记录有481种野生动物和147科368属1 345种维管束。仅现存的竹种资源就有硬头黄竹、楠竹、慈竹、绵竹等共计39属428种，种植面积达115.84万亩*。茂密竹林为云豹、小熊猫、猕猴、黄喉貂、红腹角雉、竹蛙、琴蛙等大量珍稀野生动物提供繁衍栖息地，其中国家一级、二级保护野生动物分别为8种和51种。同时，绵延竹海还为珙桐、水杉、桫椤、灵芝、五加、绞股蓝等珍贵植物提供适宜的生长环境和调节小范围气候，国家一级、二级保护植物分别有5种和15种。这些丰富的资源为当地建设竹文化博物馆、竹海景观、主题公园等项目提供了充足的物质基础。同时，当地已经延续数千年的竹文化历史，兴于东汉的竹图腾崇拜，成于明代的竹艺技术，用途广泛的竹类制品，优美经典的故事、诗歌、图画等艺术精品，为遗产地打造世界知名的竹文化品牌，开发主题节庆、民俗展演、地方美食、生态旅游、文化创意、竹艺中心等项目，注入了珍贵独特的文化内涵和高附加值。

在当前背景下，乡村振兴战略的实施需要强力的经济投入，但若想培养出特色鲜明、竞争力强、效果长久的地方产业，还要选择具有丰富的资源基础、悠久的文化基础、优美的景观基础、深厚的群众基础的优势产业来精心打造。优秀的农业文化遗产正是具有上述优势的农村产业，可以成为，也应当成为乡村振兴战略实施的首选切入点。

（二）农业文化遗产开发是乡村振兴的一大引擎

长期参与全球重要农业文化遗产项目实施的闵庆文研究员认为："全球农业面临的很多问题都能在这些遗产中找到对策，农业文化遗产也正在逐渐成为中国乡村振兴的一大引擎。"这一论断在众多的农业文化遗产地保护和开发实践中已经得到印证。

2017年6月，湖南花垣子腊贡米复合种养系统被正式下文列入第四批中国重要农业文化遗产。该遗产地位于武陵山集中连片特困地区腹地深处的国家级贫困县——花垣县，而子腊村则是远离县城、纯苗族聚居的国家级贫困

*1亩≈0.067公顷。

村。从花垣县石栏镇政府和子腊村扶贫工作队在2016年3月的初步摸底数据来看,该村贫困户的人均年收入大约为1 800元,远低于当时贫困线标准的2 800元;即使在花垣县的162个贫困村中,子腊村当时也属于经济发展中等偏下的贫困村寨。

在湖南花垣子腊贡米复合种养系统被评为中国重要农业文化遗产之后,子腊村的扶贫开发工作从扶贫手段、涉及范围、产业方向、发展思路、实际效果、生态保护、文化传承等方面都发生了巨大改变。直到2016年底,子腊贡米农业文化遗产还处于传承极度衰弱的濒危状态,村中大部分年轻人已经抛弃传统种植规范而惯用农药、化肥、除草剂,只有极少数老年人还记得子腊贡米的历史文化、典故传说和“铺树造田”等特殊技术,传统谷种和鱼苗的种养面积最少时不到40亩,村民普遍认为人均不足1亩田的传统农田种植“只够家人吃饭”“赚不到钱”“根本无法脱贫致富”,青壮年劳动力纷纷外出务工贴补家用。但在扶贫工作开始后,当地利用子腊贡米农业文化遗产开发了全新的产业链,为村子带来了经济效益,居民的生活也有了极大的改善。

三、通过发展农业文化遗产推进乡村振兴战略的现实路径

在乡村振兴背景下,中国农业文化遗产是最值得深入发掘与好好利用的农村文化资源宝藏。要想发掘、传承、创新与转化农业文化遗产,最大限度地兑现其经济、生态、文化等综合效益,推进乡村振兴战略实施的进程,需要从以下方面进行探索与实践。

(一)创新式传承农业文化遗产

农业文化遗产是极为重要的农村文化资源。保护和传承优秀的农业文化遗产,就是对乡村振兴可以利用的农村文化资源开展有针对性的优先保护。正是基于这一观点,在2018年的中央一号文件《中共中央国务院关于实施乡村振兴战略的意见》中,明确提出要“传承发展提升农村优秀传统文化”,要求“切实保护好优秀农耕文化遗产,推动优秀农耕文化遗产合理适度利用。深入挖掘农耕文化蕴含的优秀思想观念、人文精神、道德规范,充分发挥其在凝聚人心、教化群众、淳化民风中的重要作用”。在保护和传承的过程中,主要做好以下工作:第一,整合政府、学界、传承人等各方力量,进一步发掘、整理和科学解读优秀的农业文化遗产,为地方申报和保护中国重要农业文化遗产和全球

重要农业文化遗产提供学术与智力支持;第二,逐步建立完善的农业文化遗产评定、保护、管理、考核的标准体系,为农业文化遗产保护与发展工作提供机制保障;第三,进一步完善保护政策,加大倾斜力度,设立农业文化遗产保护专项基金,为重要农业文化遗产的保护传承提供必要的资金保障;第四,建立农业文化遗产传承人培育、扶持机制,注重培养遗产地经营者和提升各级部门管理者的相关素质与能力,营造有利于农业文化遗产保护和传承的良好环境;第五,加快出台保护农业文化遗产的、更高层次的法律法规。

在保护传承的同时,还要注意对农业文化遗产的创新。因为在农业文化遗产的众多特点中,濒危性是一个不容忽视的标签。虽然这些优秀的农业知识技术系统在遗产地历史上曾经获得过空前的成功,或者作为传统生计方式在遗产地经济发展中发挥过举足轻重的作用,但是因为国内外形势的转变、外来文化的冲击以及自身适应性等问题,导致这些优秀的农业文化遗产逐渐走上衰落,甚至濒临传承断代的困境。如果继续完全套用传统模式而不做任何改变,那么农业文化遗产就可能成为被历史尘封的"遗物"而无法长久地活态延续,更不可能作为文化资源转化为文化资本进而兑现其巨大的价值。

为了激活农业文化遗产对新时代背景和当下条件的适应性与生命力,需要各界积极探讨和实践农业文化遗产的创新式传承。也就是在保护传统规范和"原汁原味"的基础上,利用现代科学技术手段和民间智慧来解决短板、适应环境、摆脱困境。以子腊贡米复合种养系统为例,当地高山峡谷中的良田运用"铺树造田"的特殊技术建造而成,对于解决当地日照不足、温度偏低的生态缺环并促进优质水稻生长起到极为关键的作用。但在禁止乱砍滥伐的今天,直接从峡谷两边的山坡上砍倒乔木、铺垫田底的传统做法已经不可取。那么,如果能利用科技手段把没有污染的边角木料仿制成乔木,或者寻找安全、适宜的新型环保材料制作"乔木",再用传统规程和知识技术来修整和维护这种珍贵特殊的稻田,就可以实现子腊贡米农业文化遗产"铺树造田"技术的保护和传承。这只是创新式传承的一个例子,希望可以在这种思路的启发下,多领域、多环节、多维度、多方面地开展农业文化遗产传承的创新和有益尝试。

(二) 合理适度开发农业文化遗产

闵庆文在对日本佐渡岛稻田—朱鹮共生系统、中国敖汉旱作农业系统和菲律宾伊富高稻作梯田系统进行研究后,认为农业文化遗产保护要避免三个误区：一是不能与现代农业发展对立起来；二是不能和提高农民生活水平对立起来；三是不能和农业文化遗产地发展对立起来。此外，还要建立政策激励机制、产业促进机制和多方参与机制，从而实现保障食物安全、消除贫困、保护生物和文化多样性等目标。因此，农业文化遗产的保护与开发是相辅相成、缺一不可的。

乡村振兴战略的实现，也不能仅仅依靠保护和传承农业文化遗产，还需要合理、适度地开发农业文化遗产资源，把文化资源转化为文化资本，通过价值兑现来获得遗产地农民的传承动力、文化自信和发展基础。遗产地农民共同参与保护和开发，并从中获得应得的利益和尊严，是提高其长期维护主动性和增强脱贫致富内生动力的关键。

合理、适度开发农业文化遗产，需要注意以下几个方面：第一，遵循“在发掘中保护，在利用中传承”的基本原则，在遗产地的核心保护区和开发区之间设置足够的缓冲区，对核心区的传统农业文化重点保护，建立定期考察、专家评判、实时修复、动态保护的监管机制；第二，从实际情况出发，制定既兼顾长期效果和短期利益，又兼顾生态效益、经济效益、文化效益的保护与发展规划，并按照总规和细则逐年推进，逐项落实；第三，重点发展与农业文化遗产相关的生态农业和休闲旅游业，打造具有较高公信力和认可度的农业文化遗产品牌，建立针对性强的融资平台、销售平台、交流平台，拓宽宣传途径和营销手段；第四，探索职业经理人、农遗顾问、形象代言人、农遗传承人、产业带头人相结合的人才制度；第五，合理、适度地开发农业文化遗产资源，扶持农遗知名品牌和生态精品产业；第六，加强国际交流与合作，学习经验、吸取教训、集思广益、树立典型，探讨指导性和实用性较强的开发规程。

㈢ 将重要农业文化遗产地建设成为乡村振兴示范点

中国拥有丰富的农业文化遗产资源，截至2023年9月已获得19项全球重要农业文化遗产和188项中国重要农业文化遗产。从中国重要农业文化遗产涉及的县区市来看，大体有五个共同特点：一是基础设施薄弱，经济发展落后；二是生态系统脆弱，生物资源丰富；三是传统知识丰厚，技术体系完善；四是文化资源富集，乡村景观优美；五是人口数量较多，人才资源短缺。从这五个共同特点可知，中国重要农业文化遗产地就是典型的、发展滞后的、人才短缺的生态脆弱区，与急需振兴的广大乡村非常相似。而正是因为发展滞后，所以传统知识技术系统和乡村景观等农业文化资源等要素保护较好，具有较高的开发价值。此外，遗产地已经具有一定的知名度和品牌效应，适合打造为乡村振兴的优先开发示范点。

以打造乡村振兴示范点为目标，需要从以下五个方面来推进遗产地振兴：一是产业振兴，借鉴敖汉旱作农业系统依托“全球重要农业文化遗产”和“全球环境500佳”精心打造小米产业的经典案例，突出各遗产地特点，利用好各种资源优势，用心树立一个品牌响亮、三产融合、可持续发展的综合产业；二是人才振兴，借鉴红河哈尼梯田系统吸引知识青年返乡创业案例，兼顾本土人才的培养和外来人才的引进，建立和完善人才留得住、用得好、会成长的机制，注重培养遗产地农民、传承人、经营者、管理者的能力和素质；三是文化振兴，通过发掘农业文化亮点，做好传统文化的再认识和再利用，为产业注入有生命力和高附加值的文化要素，逐步恢复公序良俗和友爱氛围，提炼生态文化精髓，强化民族文化亮点，树立传统文化自信，激发文化自觉；四是生态振兴，坚持“绿水青山就是金山银山”等科学发展理念，合理适度利用自然资源，减少污染，保护环境，修复生态，绿色发展；五是组织振兴，构建新型乡村社会治理体制，加强遗产地核心区的乡镇和村两委建设，引导村集体、合作社、农遗相关协会、慈善机构等发挥力量，发动村干、传承人、能人、强人、名人积极投身农业文化遗产保护与发展，形成建设乡村振兴示范点的巨大合力。

农业文化遗产是一笔价值巨大的文化宝藏，对农业和农村的可持续发展具有不可替代的价值和地位。如果能做好农业文化遗产地创新式传承和合理适度开发，通过农业文化遗产地的示范效应，有望以点带面、协调推进，成为助推中国乡村振兴战略进程的优秀资源和重要手段。

第五节 科技价值

我国在很长一段时间里，人均耕地面积和世界人均耕地面积相比处于较低水平；耕地面积小，生产率也比较低。与此同时，我国耕地面积的稳定性还受到生态环境、建筑施工、自然灾害、农业调整等因素的影响，农业的整体发展环境较为复杂。我国农业部在2017年11月，印发了《到2020年化肥使用量零增长行动方案》以及《到2020年农药使用量零增长行动方案》,在这两个计划中提出,在我国,目前农作物中化肥以及农药的应用总量要远远超于欧美国家,我们需要以我国的实际耕地需求为参考,适当地使用化肥和农药,保护生态环境,从而促进农业的可持续发展。随着社会经济不断发展,互联网大数据时代已然到来,农业信息科技也越来越发达,为提升农业发展价值奠定了科技基础。

一、我国农业发展存在的问题分析

首先是我国在农业发展方面一直存在人均耕地面积小、生产效率低的问题。2017年末,我国耕地总面积为20.23亿亩,仅仅占国际耕地总面积的9%;而人口数量为13.9亿人,占据国际人口总数的19%。人均耕地面积太少是我们面临的一个严重问题。目前,我国农业发展必须尽可能地提高农作物的产量,加大人均耕地面积,这是农业能够继续可持续发展的坚实基础。生产效率低的问题对我国在农业发展的成效上有较大的影响。因此,这就需要我们在"人多地少""生产效率低"等问题上重点关注,丰富和完善相关的资源配置,积极探索信息科技对我国农业发展的影响。

其次是农药与化肥的使用问题。过度使用农药和化肥会导致土壤质量降低、农作物产量下降,对耕地造成一定的破坏。需要应用信息科技来关注农药等的使用,分析使用农业化肥的最佳用量,总结农业生产的最优数据,增强对绿色肥料的研究力度。

最后是我国在农业发展上还会受到许多自然灾害的影响。每当遭受旱灾、水灾时,我国农业的总产量会降低,从而影响农业发展的总体效果。信息科技需要重视用水量过大的问题,加大对数字化灌溉技术的研究力度,用数据分析农作物的用水问题,既节约用水又可以增加农业产收。

二、信息科技对我国农业发展的影响

在如今互联网迅速发展的大数据时代下,信息科技参与农业发展已经成为必然的选择,有利于提高我国农业发展价值。目前,我国的信息科技主要通过人工智能与大数据等工具来促进农业发展,网络数据如此普及,农业信息资源也越来越丰富,从而使我国的农业能够高效生产。比如,我们可以通过应用物联网技术,同时准备好相应的监测设备,运用无线传感技术,远程监控并且科学管理农作物，将信息技术与农业发展相结合，制定科学有效的农业管理方法；也可以通过人工智能技术预测农作物的产量、每天的天气以及病虫害的影响，制定合理及时有效的应急方案。

农业在广义上，可以理解为由农、林、牧、副、渔五个方面共同组成，我国信息科技在农业发展上的研究方向可以朝着这五个方面前进。要想综合提高农业发展水平，就必须通过先进的信息科技，对农、林、牧、副、渔这五类进行一个系统的数据分析，然后进行合理的规划布置，提高农业的产量和质量，从而促进农业的发展。目前我国还未将信息科技完全应用于整体的农业发展，这也是我们在以后需要仔细关注的方向。

我国的农业种植模式总共可以分为两个种类：设施种植以及大田种植。其中设施种植在成本上的要求比较高，需要种植人员有很高的种植水平；此外，在种植所需要的设备上，也是需要较为先进的。因此，设施种植常常用来进行对花卉、水果等经济作物的种植。与此同时，它还有植物工厂及温室大棚两种种植模式，主要目的是提升农作物的产量和质量，提高农作物的经济收益。大田种植没有如此多的要求，所以这种种植方式通常应用于小麦、玉米等粮食作物，但是苹果、橘子等小部分经济作物也被包含在其中。目前，大田种植大多数都是运用物联网技术来监测农作物种植过程中的气候、温湿度以及农作物生长情况等，从而提高农作物的产量和质量。

三、农业信息科技发展会遇到的问题

在当今这个时代，农业信息科技快速发展，需要我们在实践中过程中，不断总结相关的农业发展知识和经验，迎接不同的挑战。

目前，我国农业信息科技发展需要不断钻研并朝着更先进的方向发展，这就对我们的技术资金等提出了一个挑战，融资的不足导致难以形成稳定、可行的农业信息科技发展环境。因此，我国需要制定相关的政策，加大对信息科技在农业发展上的关注和宣传力度，注重相关企业发展，为融资的发展制造条件。

此外，我国农业信息科技的发展经验较少，农业整体的自动化水平较低，大部分农业资源没有充分地优化配置。与此同时，人才紧缺也是现如今我们需要面对的问题。高新农业技术人才的培养与应用已经成为农业信息科技发展的重点问题。所以，我国应该加大对农业人才的培养力度，优化资源配置，

提高农民学习先进农业信息技术的积极性,促进农业朝着信息化、科技化的方向发展。

四、农业科技成果的价值构成与价值评估方法

(一) 农业科技成果的价值构成

农业科技成果对于我国经济发展以及社会稳定具有积极的意义,因此我国在市场经济环境下非常重视农业科技成果,把农业科技成果转化作为经济生产力。在进行农业科技研究与开发的过程中,农业科技成果的价值构成主要包括研发成本、时间成本以及材料成本。

1.研发成本

研发成本主要指农业科技成果在形成的过程中所耗用的各种人力资源成本。农业科研人员需要利用自己的智慧,针对不同农产品以及农产品的种植方法进行全面研究分析,寻找高产方法,同时还要保证农产品质量的进一步提升。著名农业科学家袁隆平通过多年的研发,研究出来杂交水稻的种植方法,解决了国人的温饱问题,为我国经济发展与社会稳定做出了突出贡献。农业科技成果价值中,研发成本属于主要的价值成本构成,需要引起高度重视。如果研发成本过高,农业科技成果的经济效益低,那么农业科技成果的价值就无法充分体现。

2.时间成本

农业科技成果从开发到转化为社会生产力需要一个长时间的过程,这个过程中所耗用的时间越长,那么农业科技成果的时间成本越高。在信息技术高度发达的今天,时间就是金钱,因此在农业科技成果开发的过程中,需要尽量缩短时间成本,这是提升农业科技成果市场价值、降低农业科技成本的重要方式。

3.材料成本

材料成本属于一种基本的成本构成,是农业科技成果开发中所耗用的各种材料,包括农产品原材料以及各种设备的消耗成本。农业科技成果开发的过程中需要加强对于材料成本的管理,这样能够保证农业科技成果价值进一步提升,对更好地开展农业科技建设、提升农业经济发展水平具有积极意义。

(二) 农业科技成果的价值评估方法

1. 成本法

成本法主要是指在评估农业科技成果的过程中,主要依靠农业科技成果形成过程中发生的各种成本对其价值进行全面评估,包括材料成本、人力资源成本以及各种时间成本等。提升成本法核算的全面性是提升农业科技成果价值评估水平的重要因素。成本法操作简单,容易被更多人接受,因此,很多农业科技成果在进行价值评估的过程中都会选择成本法。但是这种农业科技成果评估方法,没有把农业科技成果的价值与其实际价值联系在一起,最终导致价值评估结果与农业科技成果的实际价值之间存在很大差异,影响决策者对于农业科技成果价值的市场判断。另外,在核算时间成本方面,成本法很难进行精准的核算,因此核算的可靠性不足,在应用的过程中需要特殊考虑。

2. 市场法

市场法是指按照当时市场中类似产品或者技术的价格确定农业科技成果的价值。这种价值评估方法简单方便,不需要进行大量数据核算;这种价值评估方法还能够与市场紧密地联系在一起,符合市场经济环境下的要求。但是很多农业科技成果没有同类型的产品或者技术对照,因此很难采用市场法确定农业科技成果的价值。另外,市场价值并非非常稳定,市场价格也易受市场供求关系的影响,因此,在进行价值评估的过程中,市场法适合农业科技成果对于市场依赖程度较高的企业或者单位。

3. 收益法

收益法主要是把农业科技成果的价值与其在未来能够实现的收益紧密地联系在一起,评估其在未来能够实现的经济价值,利用一定的折现率对于未来收益进行折现,最终确定农业科技成果的价值。这种价值评估方法把农业科技成果的价值与其实际创造的价值紧密地结合在一起。收益法把农业科技成果的价值评估结果与其价值紧密地结合在一起,属于一种非常科学有效的价值评估方法。但是这种价值评估方法很难准确地评估农业科技成果未来的收益,同时很难确定收益折现率,因此在核算的过程中存在很多问题。另外,这种价值评估方法核算难度大,涉及大量数据核算,采用信息技术开展价值评估能够进一步提升农业科技成果的价值评估水平。

(三) 如何更好地开展农业科技成果价值评估工作

1. 开展预算管理

农业科技成果价值评估水平要想进一步提升，需要在其开发前开展预算管理工作，针对农业科技成果研究开发过程中各种成本费用进行全面预算。在实际研究开发过程中能够拥有可衡量标准，有利于农业科技成果价值评估工作的开展。当农业科技成果形成后，可以参考实际数据和预算数据进行对比分析。通过预算管理能够为农业科技成果价值评估提供更多历史数据，尤其是在成本法下评估农业科技成果；如果历史成本数据无法取得，那么可以参考预算数据。通过预算管理，农业科技成果价值评估工作难度进一步降低，对于提升农业科技成果评估水平具有积极意义。此外，通过预算管理还能够全面降低农业科技成果的研发成本费用，提升研发效率，这对于增加农业科技成果的价值具有积极影响。因此在开展农业科技成果的开发过程中，应该针对实际情况进行全面预算管理，综合考虑当地的季节、气候以及自然环境等多种因素，制定科学合理的预算管理方案，降低研发成本，提升农业科技成果价值评估水平。

2. 提升对农业科技成果价值评估的重视

农业科技成果价值评估有利于提升农业科技成果的经济效益与社会效益，对于我国农业发展具有积极的影响。因此在开展农业科技成果研究与开发的过程中，应该加强对于农业科技成果价值评估工作的重视，这样才能全面提升农业科技成果的价值，保证其价值的充分发挥，为农业经济发展提供可靠保障。为了能够进一步提升对于农业科技成果研究与开发的重视，国家应该加强对于农业科技成果价值评估工作的宣传，保证农业科技研究开发人员以及相关的管理者能够充分认识到农业科技成果价值评估工作的重要性。为了能够全面提升农业科技成果价值评估水平，应该建立专门的价值评估机构，针对农业科技成果价值进行全面的评估，这样才能最大限度地提升价值评估水平，保证农业科技成果价值评估工作能够顺利开展。另外，相关管理者需要为农业科技成果价值评估创造良好的环境，保证农业科技成果价值评估能够顺利开展。

3. 采用适合的农业科技成果评估方法

农业科技成果评估方法对于农业科技成果评估具有重大影响，针对目前比较普遍的三种价值评估方法，在应用的过程中需要综合考虑不同评估方法的优点与缺点。根据农业科技成果的特征选择适合的评估方法，这样才能最大限度保证其价值评估结果的科学性与可靠性。针对拥有很好历史数据的农业科技成果，应该采用历史成本法；如果拥有较好的市场价格，可以采用市场法；如果能够很好地评估未来收益，那么在农业科技成果价值评估的过程中可以选择使用收益法进行价值评估。

农业科技成果转化对于我国农业发展具有积极意义，因此在开展日常经济管理的过程中，我国政府应该加强对于农业科技成果价值评估的重视，实施多种鼓励政策，鼓励我国企业以及科研工作单位积极开展农业科技成果的研究开发，提升农业科技水平来为农业经济发展提供良好的技术支撑。企业和事业单位需要从内部开展管理，根据自身实际情况，选择适合的农业科技成果价值评估方法，为其发展提供良好环境，从而保证农业科技成果价值评估水平的全面提升。

第六节　审美价值

自中国共产党第十六届五中全会提出建设社会主义新农村的重大历史任务后，建设“美丽乡村”成为了各界人士的关注焦点，美学与审美也逐渐成为人们看待与理解农村的一个新角度。不过严格来说，“美丽”并不是农村新近具备的属性或新生的价值，因为至少在传统农业社会，田园牧歌一直是士人所追求的审美情趣和精神家园，并在“田园诗”“田园画”等艺术载体中广泛形成且寄寓了归园田居的审美旨趣。遗憾的是，当传统农业以“农业文化遗产”的形态呈现在现代社会时，发源并承袭于西方的主流经典美学理论无法给予足够的解释，而国内学界（尤其是对口的农业史学科）也没有接续其上，仍对农业文化遗产缺乏审美性思考。直到21世纪初，联合国粮食及农业组织（FAO）明确将农业文化遗产定义为“独特的土地利用系统和农业景观”后，才有少数学者基于景观研究角度而不自觉地带有美学色彩。与此同时，方兴未艾的乡村休闲旅游已将农业文化遗产推到了大众审美的面前，导致理论建设与社会需求的事实性割裂进一步扩大。近十年来，有学者将农业美学作为应用美学的分支尝试进行学科化构建,周连斌、肖双荣等学者对农业景观的美学内涵与价值作了前沿性阐释,无论从研究表象还是意向看,都是对传统农业景观的延续或回归,其视域是现代农业。在民俗与非物质文化遗产领域,以高小康、季中扬等为代表的学者进行了较系统的美学阐释,民俗民艺某种程度上是农业文化遗产的审美空间里最具艺术性的审美对象,不过终究无法等同于后者。基于此,笔者试就农业文化遗产审美转向的历史逻辑、内涵特性、审美经验和遗产保护等基础理论问题进行阐释,以期为农业文化遗产的美学理论与话语构建、美丽乡村建设等略尽绵薄之力。

一、从历史逻辑说起:农业文化遗产美学价值的衍生

审美价值的产生是由审美主体或客体交感互动而成的。通俗地说,当表示物不被纳入审美对象中时,要么"它本身不够美",要么人们"不认为它美"。1920年金陵大学图书馆的设立被公认为我国农业文化遗产事业的发轫,到1955年后中国农业遗产研究室、西北农学院古农学研究室等先后成立,农业文化遗产正式步入科学化进程。农业文化遗产是什么?以万国鼎为代表的学者在事业初创时就有较明确的界定:"一方面固然必须充分掌握古农书和其他书籍上的有关资料(有时还须兼及考古学上的发现),另一方面还必须广泛而深入地调查研究那些世代流传在农民实践中的经验和实践后获得的成就。"尽管其中提及了"农民经验与实践成就"等日后被视作非物质文化遗产的滥觞,但显然"审美"不在定义者的考虑范畴,而对于当时脱胎于西方经典美学的美学界来说,"艺术"才是最核心的审美对象,也就是鲍姆嘉通在《真理之友的哲学信札》所指的"论辩术、诗、绘画、音乐、雕塑、建筑、铜雕"一类。

其后,当农遗家们普遍将古农书作为农业文化遗产科研切入口时,农业文化遗产更是与美学家们眼中的"美"毫无关联性。因为在传承于鲍姆嘉通与克罗齐的中国美学家们看来,美学的对象必须是"可感知的事物"而非"可理解的事物",前者依靠知觉的科学或感性学的对象来感知(如美术作品),后者则是通过高级认知能力作为逻辑学的对象去把握(如农业科学)。另一个与之密切关联的基本原则是"非功利性",这更与农业文化遗产事业的初衷背道而驰。正如戈蒂耶所言:"一件东西一旦变得有用,就不再是美的了;一旦进入实际生活,诗歌就变成了散文,自由就变成了奴役。"但"有用"恰是农业文化遗产事业的诞生之因与"立身之本",中国农业遗产研究室等机构之所以能够成立,就是

为响应国家所提出的“整理祖国农业遗产”号召，为新中国农业的发展提供经验和借鉴。当时农遗学者们对此认识也是很明确的，石声汉先生说：“如果我们能够好好地继承这份遗产，加以整理分析，将其中有益的部分发扬光大起来，使它们‘古为今用’，肯定可以为现在和未来的大众作出更大贡献。”直到现在，农业遗产学者依旧保有强烈的现实关怀，“古为今用”“以古鉴今”的理念深刻影响着农业遗产学者的思维。

简而言之，在农业史领域学的人看来，农业文化遗产最重要的是能够“好用”而非“好看”，而在美学领域学的人看来，“好用”的必定无法“好看”，两者之间无相交甚至有所对立的情况一直持续到美学界率先做出了改变。从20世纪70年代末到整个80年代间，美学进入第二次研究热潮，广泛应用于社会场景中的应用美学、环境美学、审美心理兴起，美学开始带有实用与功利色彩。20世纪90年代中期美学对象进一步宽泛化，研究范畴“拓宽到了人类文化的各个审美层面”，特别是人们日常生活的审美化趋势，不仅弥补了美学范畴的先天不足，更是客观上将农村社会纳入到了审美对象中。至此，农业文化遗产进入美学领域的话语权通道才开始真正被打通。

与此同时，石油与化学农业引发的一系列环境与民生问题导致农业文化遗产领域本身及大众认知也在发生变化。特别是在改革开放后，不仅是传统农业在现代化进程中加速遗产化，就连农业文化遗产自身也在加速消失。当广域、同质与高压的城市空间迫使人们不得不重新注目与回归乡村时，却发现其已无法成为人们的精神纽带与心灵家园，所以又进一步促使人们怀念并重建传统农业“原始单纯的生存”场景。如此，在城市与农村、现代与传统的对比中，人们才得以发现农业文化遗产的更多功能与价值。到21世纪初，联合国粮食及农业组织启动了“全球重要农业文化遗产”（GIAHS）计划，并将农业文化遗产定义为：农村与其所处环境长期协同进化和动态适应下所形成的独特的土地利用系统和农业景观，这种系统与景观具有丰富的生物多样性，而且可以满足当地社会经济与文化发展的需要，有利于促进区城可持续发展。不难看出，在联合国粮食与农业组织的认定中，农业文化遗产已从农业文献、实物与农民经验创造的组合体演变为类似于“先民智慧与农业生态系统的嵌合体”，无论是联合国明确所认可的“农业景观”，还是在具体选择时高度重视的建筑、诗歌、舞蹈等传统农业民俗文化，都已是美学家所审视的对象之一。

联合国粮食及农业组织对农业文化遗产的重新界定及其广泛的全球影响力，极大地拓展了学者们的视野。农业文化遗产学研究范式由多学科到跨学科的转变趋势越发鲜明，尤其是与社会、民俗、民族学相结合的"遗产考查与发现"让原本作为"审美辱骂对象"的农业景观与作为"小传统"的农业文化越发受到认可与重视。不得不说，作为社会大众的审美群体实则早已通过乡村旅游、休闲农业等活动形式确证了农业文化遗产的美学价值，他们在农业文化遗产地获得身心愉悦与心灵自由的同时，事实上也成为农业文化遗产美学价值的传播者。

二、"世代流传的农业实践"：农业文化遗产美学价值的根本来源

在回答与确认农业文化遗产审美价值的"存在性"问题后，阐释其审美价值内涵，即"是什么""有哪些"等问题就尤为必要。作为新晋的审美对象，在直观上就能大致感受到农业文化遗产与纯艺术制品、园林风景甚至非物质文化遗产等的审美价值尤为不同，诚如我们很难将兴化垛田上农民"罱泥、扒苲、布水草"的情景，与米开朗基罗创造的大卫雕塑或苏州园林的假山亭台放在同一个价值维度上。如果从主流或经典美学理论来看，农业文化遗产的审美更显独特，因为目前主流的美学理论似乎难以阐释其审美价值的内涵。例如，通常的审美对象往往具有个性与创造性，无论是大卫雕塑或苏州园林都彰显"稀缺性"的身份特质，反映到价值评价上可通俗地概括为"物以稀为贵"；同时与之相适配的则是"形式主义"审美原则，即特定的线条、色彩等要素及有序组合来使人产生审美快感或情感，所以席勒指出"艺术大师十分擅长通过形式来消除素材"。但这些特征农业文化遗产几乎都不具备，一是个性或者稀缺性从来不是定义农业文化遗产的核心标签，相反不少入选全球或中国重要农业文化遗产名录的农业遗产都具有相似性与传承渊源（例如福建福州茉莉花与广西横县茉莉花）；二是农业文化遗产很难有统一的美学标准，其美学元素根据不同地域与不同环境产生的搭配是错综多样的，而且会因季节时令与农事生产而发生周期性变化。类似上述的例子还有很多，民俗学界也早就注意到如果将一般艺术原理套用在剪纸制作、手工印染等民间艺术上，其审美价值似乎无可称道。在整个农业文化遗产体系中最接近"艺术世界"的民间艺术尚且如此，那么其他农业文化遗产审美价值的内涵就更难确定。但换个角度而言，其实也是审美价值的内涵更具独特性的表现，正如印象派绘画在成为划时代的艺

术流派之前，也因其独特的外在表现而无法被主流所认可。我们认为，农业文化遗产美学价值的独特性，来源于其创造主体与过程的特殊性，也就是万国鼎先生所说的“世代流传于农民实践”，其中至少包含三个核心要素，分别是作为创造主体的“农民”、作为创造方式的“实践”以及作为创造基本属性的“世代”。以下对这三个核心要素分别做阐释。

首先是“农民”。从发生学角度，农民是农业文化遗产及其审美价值的创造与拥有者，而艺术与科研工作者只是美的发现与赋权者。农民与哲学家、艺术家与科学家们处于同一审美层级，这在过去的审美主客关系中本就不可想象，更何况后者只能审视、定义乃至评判农业文化遗产，却与审美对象没有物权关系。不过，农民的主体性似乎是有缺陷的，理论上他们拥有农业文化遗产审美价值合理合法的解释权，现实中他们似乎又很缺乏审美意识。例如，当农业遗产专家惊叹于广西龙胜龙脊梯田的金竹壮寨“白战几时能著我，万竿深处一凭阑”意境的时候，梯田农民其实只关心自己所居住的村寨是否牢靠安全或有利于生产。无论是从海德格尔对审美状态中的主体解释，还是乔治·迪基倡导的审美态度论来看，前者远比后者更符合审美主体的形象，但现实中后者恰恰才是农业文化遗产审美价值的唯一来源。而且与艺术作品可以脱离创作者与创造空间，被换置在展厅、博物馆、画廊等场所被人欣赏不同，农业文化遗产无法脱离农民，农民也无法脱离农业文化遗产。所以我们在审美活动中必然要将农民的生产劳作与生活状态视作审美对象的一部分，如此造成了农民群体所独有的既是审美主体又是审美客体的独特审美性。

其次是“实践”。农业生产是农民最主要的实践活动，这既是农业文化遗产审美性，也是其功利性与目的性的根本来源，同时在某种程度上还对主流美学家所要求的非功利性审美原则进行了修正。正如海德格尔所言：“只有理解了人类的生存本质，才能理解人类的生存空间。”从人类诞生到现代社会，农业生产一直是人类生存与生活的第一前提，包括审美在内的其他追求和价值都是人类农业生产的“剩余物”。例如，田间垄沟式直线简洁的景观形式是为耕作效率的最大化，乡村生活的民俗工艺品虽体现了农民一定的审美意识，但终究还是为了使用或某种目的（且根本上还是为生产）。上文所述农业文化遗产缺乏形式主义美也是来源于此，农民所制造的工具普遍是大大小小、形形色色，这在殿堂派、学院派看来就显得粗鄙低级，但正是功利性才使得农业文化遗产拥有了美学特质。传统农业生产与创造不仅是天地间自然法则的体现，也是审美的枢机与对象，人类最初的审美反应就是在农业性生产中获得。因为只有先得到物质上的满足，才能获得精神上的愉悦。黄药眠曾指出："（先民）希望丰收和胜利的日子再来一次，于是绘画与舞蹈就产生了。舞蹈也常常是将丰收的动作再重现一遍。"直到今天，农民在工具制作和工艺创作中有意识加入"饱满""红火"等元素的审美心理，依旧是源于期盼粮食丰收的朴素情感，这也是对马克思"劳动创造美"这个科学命题的生动诠释。

最后是"世代"。与纯艺术多属于艺术家个人内在的创造不同，农业文化遗产美学遗存与价值是农民"世代"的智慧结晶，即父传子、师传徒，如此在农民之间世代流传。因为经历了历史积淀和时间检验，农业文化遗产在"有用性"与"审美性"之间达到高度统一。除了体现时间维度的传承性外，世代流传还暗含空间维度的群体性特征。因为无论传授者还是承袭者，都不是孤立的个体，传授者的经验与技艺必然为集体所接受与认同，承袭者所学习和接受的实际是集体经验和审美意识的延续，这样就导致农民个体间的审美无论从形式还是内涵上都具有普适性与同质性。例如，农民普遍认为"红色大吉，白色不吉。"等。高天星等学者分析得十分贴切，"由于讲究传承性，人人可享，人人要恪守，个体获得的美感是在一种群体共同体验前提下获得的。"另一方面，正是群体认同感与世代传承性的多重作用下，农业文化遗产在某种程度上是不够创新的。例如，中国传统农具自唐代以后就鲜有大的变化，因为创新往往即意味着与祖辈经验的割裂乃至文化的失传。在同一文化空间里，农民们自觉认为共同的情感纽带比审美认同更有意义。

三、置身田园情境：农业文化遗产的介入式审美体验

具有审美价值的事物自然是合格的审美对象，对象的审美价值也需要通过审美活动与引发审美经验来展现。审美经验常被现代美学界视作核心议题，涉及"如何引发审美经验"与"引发的审美经验是什么"两个基本问题。学界虽没有就农业文化遗产的审美经验进行明确讨论，但在现实中有趋于一致的行为呈现：即将农业文化遗产拆分归类为农具、农书、工艺品、生活用品等，以实物、图像等形式置于博物馆、展览馆、陈列室等场所供人鉴赏。近几年，全国高校与地方兴起了博物馆热，以农业历史与遗产为主题的博物馆几乎已成主流农业高校的标配。仅从审美角度看，这是一种典型的静态式、分离式的审美体验，也就是将农业文化遗产从原有的生产和生活场景中剥离实现“脱域”，再重新放置到一个完全陌生的审美空间。

这种通行的博物馆式的审美方式，显然是借鉴并遵循了过去书画、雕塑、音乐等纯艺术品的审美范式，但如前文所言，农业文化遗产并非纯艺术品，它具有独特的美学价值及内涵，前者的审美经验自然也很难适用于后者。艺术品能够在脱域中保持本真，同时人与物之间保持一定的心理距离，以期实现主流美学家所说的“纯粹的、无利害的、自由的愉悦”。但农业文化遗产作为动态、活态的审美对象却无法脱离群众生产与生活，如果将其“脱域”再“语境重置”，必然会丢失与置换原本的信息，以一种流于表面的粗浅式文本呈现。试想一下，当一幅漂亮的山水画与一架曲辕犁同时在柜台展览时，你大概率认为前者的美感要强于后者，背后并非后者缺乏审美价值，而是因为其丢失了很多审美信息：它的功能是什么？使用场景是什么？什么时候用？有什么忌讳？当丢失了这些场景性信息后，曲辕犁也就只剩下了一个空洞的外壳，鉴赏者自然也就很难有审美认同与身心共鸣，这也是当今农业博物馆的大众审美性明显弱于艺术博物馆的根本原因。

那么如何正确欣赏农业文化遗产之美呢？我们认为环境美学、现象美学家以及部分民俗学专家新提出的介入式（或称融入式）审美体验十分契合农业遗产领域。这种审美经验被季中扬称之为“一种多感官联动的、融入性的美”，它强调审美主体与客体的交融，并将美的理解从审美对象的特征转移到审美情景的品质，同时重视日常、文化、历史等各种语境。对此卡尔松有一段通俗而经典的描述：“成年人必须学会在欣赏环境时，像孩童那样疏忽大意、易受波动。为了能够感受到在河溪旁干草上，大踏步走的那份自由以及全身心体验的愉悦，他需要匆匆披上旧衣。太阳的温暖被微风所缓和，干草和马粪的气息，地面的温暖，坚硬而又柔软的轮廓”。实际上，无论是卡尔松作为环境美学家所强调的自然审美，还是民俗学专家所侧重的生活场景都从属于农业文化遗产的审美空间，也就是中国古人所向往的“山水田园”，所以再多的言语传达与媒体宣传，也不如回归乡村、置身于田园情境里去亲身体会与感受农业文化遗产的美学意义。因此，应该至少有三个层次的审美体验。

第一层是道法自然的生境之美。进入农业遗产地，首先的感官是当地生境面貌，包括山脉、河流、湖塘、林地等自然景观元素，农田、牧场等半自然景观元素，以及村庄、建筑、道路等人文景观元素。传统乡村生境虽有自然与人工之分，但几乎所有的人工痕迹都是崇拜自然与遵循自然后的“人化自然”。《诗经·大雅·绵》有曰：“周原膴膴，堇荼如饴。爰始爰谋，爰契我龟，曰止曰时，筑室于兹。”在传统乡村空间里，无论农庄还是林地、人类还是动物，都难以单独择出，它们早已联结耦合成紧密联系、动态平衡的生态整体。农业文化遗产以贴近、融入自然的“原生”景观为审美基调，衍生了灵气、生机、鲜活、神秘感等不同于城市或纯艺术的审美特质，即欧阳修所提“当造乎自然”“天然去雕饰”等之义；同时在形式上也趋于多样与随性，尽管某些方面会展现“规范与秩序的形式美”特征。例如，稻田中行距整齐的禾苗、等距平行的梯田等，但那依旧是依势随形的劳作副产物。陶渊明诗曰“悠然见南山”，只有这种自然本真的田园之美，才能将人们从奴役性的机械城市与人工物集合中解放出来，去沉浸到纯粹、宁静、自由的审美体验中。

第二层是田园牧歌的画境之美。当遗产地生境与周边自然山水深度融合，而且从色彩、线条等艺术角度来看也具有高度审美性的时候，无论是古代士人还是当代游客都常以“如画”语境概之。具体到现实乡村空间中，这样的田园画境往往集中在农业景观与乡村建筑两个部分。例如，龙脊梯田与山脉嵌合所展现出的“江山如画”、油菜花与兴化垛田搭配所呈现出的“风景如画”，这些即是中国古人世代追寻的“桃花源”或西方所追寻的“诗意的栖居”。农业文化遗产的画境之美源于生境。例如，孟浩然诗曰“绿树村边合，青山郭外斜”就是由绿树、村边、青山等元素所构之景，但又高于生境之美，它不仅具有因人类加工而产生的更贴合纯艺术的景观与美学价值，更重要的是增加了更深一层的感受与韵味。例如，青砖灰瓦中透露的不仅是素雅的色彩基调，还有淡薄的意境和审美情趣。中国古代文人善于抓住对乡村画境的天生感悟，借景抒情于乡村田园诗或田园画之中，从而进一步将农业文化遗产的画境推向了“诗情画意”的审美境界。正如苏轼诗曰：“竹篱茅屋趁溪斜，春入山村处处花”，当诗画一体时，尽管诗人处处描写的是景，但我们都会感受到景色之外的情调、情趣与情感。

第三层是精神超越的意境之美。任何农业文化遗产物质呈现的背后都凝结了一套属于当地世代传承的乡村哲学、集体记忆、道德情感等，这也是脱域与分离式审美永远无法触及的审美经验。农业遗产一旦以影音图像的形式呈现，即便会无限接近当地实体面貌，但永远无法再现其内蕴的意境，所以想感悟文化意境、解密乡村文化基因，唯一的途径就是身临其境并触景生情，从而实现“形神情理”的统一。从纵观的角度，农业文化遗产彰显了“天人合一”“法天贵真”的宇宙大化之境、“生命共同体”的生态伦理境界等。具体而言，不同的农业遗产所代表的文化符号纷繁复杂、各具特色与意义。例如，淮阳乡村的“担经挑”舞蹈带有浓厚的原始巫术色彩，江苏高邮湖上的造船工艺凝结了渔民行船祈安求丰的情感期盼，即便是小桥流水、青砖黛瓦等日常起居之物都寄寓着乡民驱邪辟恶、祈福辟疫的追求或意义。中国自古就有“以情入景”“托物言志”的审美态度，刘勰《文心雕龙·神思篇》说：“故思理为妙，神与物游”，只有在大量介入式审美经验的基础上，通过主客（物我）交融达到心人于境、神会于物，最终才会获得农业遗产的审美升华与遗产的真谛。

四、落实到保护实践：美学视角下的农业文化遗产活态传承

我们梳理与探究农业文化遗产审美性，并确立其作为主要价值之一的最终归宿还是落实到农业文化遗产的保护上。在当今学界所关注与探讨的农业遗产保护若干原则中，最重要的是“活态传承”，美学则为活态传承提供了一个新的理解视角与探视窗口，同时也注入了新的保护内容。与其说活态传承让农业遗产“鲜活起来”，倒不如说是审美价值让农业遗产“活过来”。因为大众对农业文化遗产的认可，首先是基于其审美性的审视。人们之所以回归乡村或流连家乡，就是源于乡村不同于城市的独特审美品格—亲近自然、灵气神秘、自由自在。无论是乡村如画的风景，还是休闲的生活方式，这些都是基本的美学表达。

在现实中，农业文化遗产地的文旅融合常被视作活态传承最具可操作性的模式，以至于各遗产地政府多有效仿。谈及乡村或农业遗产必言及“休闲农业”“乡村旅游”之类，实际效果却差强人意，归根结底是对农业遗产审美性认知不足或误判。农业文化遗产旅游价值的根本来源是审美价值，城市群体之所以去乡村旅游就是为逃避高压的城市“囚笼”，在农业文明语境中欣赏山水田园的乡村景观，体验天人合一的人生境界。我们在走访江苏兴化垛田时也发现，十几年前这里无人问津，后来一些摄影爱好者陆续来到这里，他们惊叹于“河有万湾多碧水，田无一垛不黄花”的景色，并拍成影像发布在网络平台后，兴化垛田方逐渐收获了社会关注度与旅游吸引力。正如潘立勇所说“越是高级的休闲越是充满了审美的格调”，如果丧失了美学而仅剩生产、生态之类的价值，那么农业文化遗产必将失去人们的好奇心与求知欲，其作为遗产的保护价值也大打折扣。具体到行动上，我们认为在农业文化遗产活态传承中至少要坚持以下三个基本审美原则。

首先是审美主体地位的重塑。作为农业文化遗产美的创造者，农民是无可辩驳的第一审美主体。重塑并充分认可农民的主体地位，是确证农业文化遗产自身价值与实施保护的前提条件。试想一下，当我们的双眼被金黄的稻浪遮蔽却忘了它们是由农民辛勤耕种而来，那么农业景观的存续与保护就失去了自身意义。农民群体因自身的功利性追求与缺乏足够的文化修养，常被判断为不具备审美能力，实际上他们缺乏的仅仅是审美理解力和表达力，而非感受力，更非审美情感。例如，在农民眼中，“金黄直立”的稻田无疑要比“青绿倒伏”的稻田要美得多，也更让其心情舒畅。农民的审美活动与城市精英群体不同，它们早已深深融入了生产与生活中，所以目的更明确、感受更直接、情感更热烈。正如柳宗悦所说：“民艺的美，是从对用途的忠诚性体现出来的”。农民们历经世代劳作和情感积淀，对农业文化遗产的审美理解与情感认同远超他人，所以掌握着农业文化遗产的审美解释权。如果没有充分理解并站在农民的角度，那么获得的遗产审美体验和评价很可能流于浅层甚至是南辕北辙的。以江南水乡中常见的莲为例，在主流文化中常被视作高洁清正的象征，但在大多数的乡村语境中却是“女性和多子多福”的寓意。如果我们没有亲身进入乡村体验和观察，可能就会错误地解读成前者而不自知。

其次是审美乡土风格的坚守。农业文化遗产植根于乡土社会，最基本的审美风格是亲近自然、融入乡村、贴近生活，所以遗产的活态传承需要在保持与彰显乡村“山水”与“田园”趣味的基础上做文章，古建筑领域“修旧如旧”的做法遵循的也是这一原则。尤其当下在城市化浪潮与精英式思维的冲击下，遗产保护极易趋向“雅化”，表现在开发的农产品越做越精致，新修的民居越建越奢雅等，试图在风格和趣味上认同城市审美，实际效果却是既无法得到城市群体的认同，还失去了在乡土环境中存在的民间土壤。毕竟农业文化遗产一切物质与非物质的都是经过历史洗涤留存下来的，它们与自然、人类保持深度契合，在审美风格上保持高度统一的乡土特色，这种充满原生态乡土气息的审美对象是农业文化遗产所独有的。沈从文先生曾说：“我是一个乡下人，走到任何一处照例都带了一把尺，一把秤，和普通社会总是不合。”反之，如果将殿堂、城市中的审美风格或元素融入到乡村必然也是格格不入，失去乡土性的审美保护就失去了农业文化遗产本真性，活态传承也就无从谈起。

最后是审美创新尺度的慎重把握。创新是引领发展的第一动力，改革开放以来我国一切重大成就都与创新紧密联系，以至于各行各业似乎都把创新当作了“万能钥匙”，但就美学视角来看农业文化遗产，创新尺度的把握和方式的选用要十分慎重，应正视并解决好农业文化遗产中天生“反创新”的一面。诚如前文所述，农业文化遗产虽为个人创造，实则传承于世代智慧，具有鲜明的群体性特征。无论是生产工艺还是民俗民艺，都是在区城内规模性的民众之间传承下来的，个体美感的获得也是在群体体验中实现的，尤其是劳作、节日、庙会、歌舞等群众活动。人们世代遵循祖辈流传下的传统可能上千年也未有大的改变，如果贸然创新或创新不当，容易引发与传统的割裂，从而在事实上放弃了传承，农民群体的认可度也会十分有限。试想一下，当某件农具完全改装成了机械制式，你能感受到创作者精湛的农事水平和匠人精神吗？你能体会到其在生产生活中的现实和象征性意义吗？

第七节　精神价值

一、农业劳动者工匠精神的法律内涵及意义

（一）劳动者工匠精神的法律内涵

工匠是孕育工匠精神的主体。在世界文明的历史长河中，工匠们创造了浩瀚而璀璨的物质文明，传承和发扬了职业伦理精神。随着工业化、信息化大生产的深入，传统手工业工匠的生存空间逐步被挤压。现代工匠精神在继承和解构传统工匠优良品质的基础上，发展出自身的时代性特征。在社会分工细化、生产社会化的背景下，现代工匠精神是劳动者在不断学习和革新技术，提高产品质量和生产效率，在和谐互动关系的基础上，形成以创新、敬业、专注、务实、忠诚为基本内核的时代精神。其涉及科技、文化、教育、制度等多个领域，是多种因素综合作用的结果。

劳动者工匠精神在法律上体现为遵守和履行相应义务。第一，履行忠诚义务。对企业忠诚是劳动法中员工的义务之一，旨在维护、增进企业的合法利益，主要表现为服从、告知、注意、保密等行为。第二，遵守劳动中的诚实、勤勉、创造性义务。诚实劳动是诚实信用原则在劳动法中的体现，目前虽然我国劳动法律并未明确规定诚实信用原则，但立法者已尝试将诚实信用原则作为劳动关系双方履行义务的基本准则。诚实劳动要求劳动者从职业伦理的本心出发，尽最大努力做好本职工作。勤勉劳动不同于诚实劳动，它侧重于劳动者积极、勤奋地履行劳动义务，提高工作效率。马克思剩余价值认为，简单、重复的体力劳动和管理、技术创新均属创造性劳动。创造性劳动的核心在于激发农业劳动者创新活力与创造能力，并转化为劳动力融入劳动过程。第三，接受培训和教育，提高劳动技能和职业道德的义务。具备工匠精神的劳动者必须“德才兼备”，追求精湛技艺和崇高道德是工匠精神不可偏废的两个方面，职业培训是训练工匠，培育农业劳动者工匠精神的主要手段，也是劳动者的义务。

(二) 农业劳动者职业转型中培育工匠精神的意义

1.工匠精神是农业劳动者从土地劳动者向技术性劳动者转变的精神动力

工匠是指专注于某一领域，全身心投入这一领域的产品研发或加工过程，精益求精、一丝不苟地完成整个工序的每一个环节。工匠精神可以概括为追求卓越的创造精神、精益求精的品质精神、用户至上的服务精神。对农业劳动者来说，工匠精神是其提高劳动素养和劳动技能的重要动力和目标。尤其是随着工业和服务业在农村的发展壮大，需要更多具备特殊技能的劳动者。乡村振兴战略的实施将会使农村产业向多样化和农业现代化、信息化方向发展，大部分农业劳动者因未受到专业化训练、知识接受能力比较低而难以适应这一变化，无法满足工作岗位的需求。因此，农民要脱离土地，转型为技能型、专业型、职业型农业劳动者，必须接受职业技能训练，树立正确职业伦理观。工匠精神必然成为农业劳动者转岗和专业训练的重要精神动力、指导思想和价值目标。

2.工匠精神助力农业供给侧结构性改革，推动城乡融合发展

我国农业供给侧的主要改革方向，一方面是满足消费者对农产品安全、绿色等品质日益增长的需求；另一方面则是培养一批具有先进技术与文化水平的农业劳动者。其中，农业劳动者工匠精神的培育既是目的也是手段。工匠

精神的培育可提高农业劳动者岗位适应能力和工作能力，促进其在区域、行业、企业、岗位间流动与配置，缓解因企业关、停、并、转产生的结构性失业问题。农业劳动者是乡村创新的主要实践者和推动者，通过催生农村技术密集型产业发展、绿色产业等中高端产业发展，促使农村经济结构优化升级，提高农产品、农村服务业的供给质量，推动城镇化建设，实现城乡融合发展。

3.工匠精神契合了我国由农业大国向农业强国和创新型国家发展的需求

与农业大国不同，农业强国更注重农业发展的质量。在自然资源等条件相对固定的情况下，农业强国建设依靠的一个重要推动力量就是农业技术的提高，农业劳动者则成为主要力量。培育一批兢兢业业、精益求精的农业劳动者，是工匠精神在农业强国建设中的重要使命。发展生态、绿色、高效、安全的现代农业，确保粮食安全、食品安全是创新型国家的重要内容。迈克尔·波尔将国家发展的主要驱动力分为要素、效率、创新和财富驱动4个阶段，目前世界上部分国家以要素驱动增加国民财富，许多发达国家以创新为主要驱动力。《国家创新驱动发展战略纲要》指出，创新驱动就是创新成为引领发展的第一动力。由此可知，创新型国家的建设依赖于各类高素质的创新主体，这些创新主体包括企业、高校、科研院所等，也包括数量众多的农业劳动者。因此，工匠精神的敬业、创新是创新型国家的核心要义，同时工匠精神也为创新型国家提供精神支持，必将贯穿于创新型国家建设的整个过程。该过程中，对工匠精神的法律诠释与塑造应突破传统概念范畴，显现新的社会属性和时代特征，并随创新型国家的发展和成熟而不断进行调适和丰富。

二、农业劳动者工匠精神法律塑造的核心理念

针对农业劳动者的工匠精神的培育，不同法律发挥的作用不同，其中劳动法承担着主要的任务。因此，农业劳动者工匠精神法律培育的核心理念即为劳动法理念。

（一）逻辑起点：从整体调整到区别对待

私法规制的对象为“抽象人”，即忽略主体在各种能力和财产上的差别，而将其视为平等主体。社会法则关注不同主体在表面平等下的实质不平等地位，并采取倾斜立法的方式，适度矫正双方的不平等地位，以对弱势主体进行侧重保护。社会法中的劳动法以劳动关系双方的地位悬殊为起点，以雇员劳

动权的确立与保障为基本主旨。在我国,劳动立法仅仅是将劳资双方分为两大阵营,以大而全的板块式法律规范对其一体适用、整体调整,不利于根据劳动者权利保障其精准化。因此,在新旧矛盾交替的劳动力市场环境下,应从整体调整转变为区别对待,合理调配资源以保障农业劳动者工匠精神的培育。

农业劳动者的差异性需要劳动法进行分层规制。首先,对于处于不同阶段,如寻求就业、转岗、创业、失业等农业劳动者,应设定精细化的调整机制。其次,农业劳动受季节性影响较大,而且随着互联网技术和人工智能的发展和推广,农业劳动者工作自主性和用人单位用工灵活性的增强,出现了很多新业态工作方式,如农民合作社等农村经济组织的雇员、居家劳动者等,亟待纳入劳动法进行特殊保护。最后,对于具有一般技能和拥有特殊技能的农业劳动者,应设立区别性的权利义务规范体系。

(二) 保障机制与激励机制协同

由于劳动力是农业生产力系统中的决定性因素,通过保护农业劳动者从而达到维系农村劳动力再生产,是劳动法的重要功能。我国在计划经济时代对职工实行统包统配的就业制度,将劳动者完全置于国家行政权力的支配与保障中。这种统包统配的劳动制度,使得劳动者得到稳定的、基本的保障,无生存后顾之忧。但同时,激励机制的不足也导致了劳动者创新动力不强、工作积极性不高等问题。历史经验证明,只有法律保障机制与激励机制协同作用,才能为农业劳动者工匠精神培育提供法律支持。我国现行的劳动法,虽通过法律治理的模式实现了劳动力资源的市场配置,促进了劳动力城乡二元结构统一为劳动力城乡一体化,却在自治与管制间难以把握平衡。

改变强制性规范占绝对比例、重要自治性规范欠缺的状况,是协同保障机制和激励机制的重点。《劳动合同法》的颁行,使劳动关系运行呈严格规制的状态。对农业劳动法律关系的严格规制主要体现在无固定期限劳动合同强制缔结、解雇保护制度强化、经济补偿适用范围扩大等方面。此外,用人单位单方调岗困难、社会保险强制缴纳等制度也挤压了劳资双方的协商空间。因此,在劳动者权利意识不断提高的背景下,劳动法的制定应以灵活性和稳定性为目标,区别劳方整体、群体、个体利益,通过弹性立法赋予部分农业劳动者群体、个体与用人单位谈判空间。尤其是在保障基本生存条件的基础上,通过职工民主制度对具备工匠潜质的农业劳动者的薪酬制度、劳动合同长短、工时与休息休假、社会保险等进行适度调整，允许农业劳动者必要时通过合法“罢工”等方式表达诉求，从而激发其主动性、创新性。

（三）劳动技能与职业伦理并重

第一，对于劳动技能的提高，应制定有利于培养大师级工匠的职业培训制度，重视岗位技能的需求侧改革。高超的职业技能是大师级工匠区别于普通劳动者的主要特点，社会化大生产背景下，劳动法以职业培训、工资体系、工作时间和休息休假等制度协同作用于职业技能开发，承担了农业劳动者职业技能提高的重要使命，但注重常规性的职业技能开发，针对性不强。因此需借鉴美国、加拿大的能力本位教育制度，以岗位需求确定能力目标，对部分知识性、技能型劳动者，以其岗位知识、技能需求为导向进行职业教育、职业培训立法设计，注重培训质量和农业劳动者个性发展，形成有针对性的劳动权保障、职业技能开发制度体系。

第二，将职业伦理教育贯穿于职业技能培训全过程。当前，职业培训制度重劳动技能而轻职业素养，不利于培养农业劳动者的工匠精神。因此，应转变劳动法的思维模式，提高职业伦理教育的制度地位，将其纳入培训和考核内容中，完善不同主体参与职业培训的法律机制。

三、农业劳动者职业转型中工匠精神培育的制度建构

农业劳动者工匠精神的养成是经济、文化、法律等多方面因素综合作用的结果，劳动法律制度应成为农业劳动者工匠精神培育的主要承担者。

（一）扩展劳动法的适用范围

目前，我国劳动法调整的劳动关系范围并不包括农村集体经济组织的劳动关系以及家庭保姆、自然人用工等劳动关系。由于从属性弱化，家庭工作者、学徒、农村电商平台劳动者、农村大学生志愿者等劳动者的工作内容、工作时间和工作地点较为灵活，难以被认定为劳动法上的劳动者而无法给予全面保护。在我国台湾地区，由学徒演进而来的技术工是劳动基准法规范的对象之一，在劳动法保护范围之内。德国劳动法采取自雇者、类似雇员和雇员三分法，通常情况下类似雇员与合同相对人所签合同属法律规制，受劳动法在劳动基准、社会保险方面的部分保护。因此，我国立法可仿效德国和我国台湾地区劳动基准法，对特殊农业劳动者，如合作社、家庭农场、现代农庄雇佣人员以及

农村学徒工进行分类规制。对于组织体雇佣的农业劳动者,若具备劳动关系认定的从属性标准,则完全纳入劳动法保护范围;对于个人、家庭雇佣的农业劳动者,则提供基本的、必要的劳动基准保护,强制参加工伤保险,劳动监察部门对用工主体的行为进行必要监督,用工主体与农业劳动者之间的部分争议适用劳动争议处理程序。

(二) 将工匠精神的塑造写入劳动法总则

工匠精神所强调的劳动者职业伦理在法律制度上一般表现为忠诚义务。许多国家和地区将雇员忠诚义务作为与雇主照顾义务相对的法定义务。忠诚义务并未明确规定在我国劳动法中,导致实践中难以圈定其内容、适用范围和界限。党的十九大报告提出"大力弘扬劳模精神、劳动精神、工匠精神",将会成为今后我国劳动关系运行的主旋律。劳动法是劳动关系和谐的主要推动器。《中华人民共和国劳动法》作为劳动法律制度的基本法,对保护劳动者的权益、稳定劳动关系、开展劳动法对外交流与合作发挥重要规范作用。但由于我国劳动法的内容不够全面、条款太过原则,尤其是在劳雇双方权利义务、劳动法基本原则和理念方面,且并未将工匠精神写入其中。笔者认为,规定忠诚义务能对所有劳动者的行为形成强制规范,而不是仅限于在道德层面的约束,将劳动法上的所有劳动者和受劳动法部分保护的人员纳入规范范围,能有效规范农业劳动者的职业伦理,促进其工匠精神的养成。

(三) 完善促进农业劳动者职业能力开发的现代学徒法律制度

工匠精神完美体现在中国传统手工业中,巩固和发扬工匠精神,传统手工业的技艺传授方式亟待更新,需上升为学校教师与企业师傅联合传授,主要培养学生的技能。目前我国现代学徒制仅依靠政策推动,对现代学徒培育的原则及相关工作部署,虽在国家有关部委文件中均有体现,但法律法规体系并未建立。许多劳动法问题仍然需要研究和规制。应以《中华人民共和国职业教育法》《中华人民共和国劳动法》修订为契机,一方面针对包括新生代农村青年、具备一定知识和技能的农业劳动者、返乡农民工、回乡就业创业大学生等在内的农业劳动者,增加现代学徒制的基本内容,明确其法律地位,并完善经费投入、培训主体资格审查、职业能力资格认证制度,切实保障现代学徒制度对农业劳动者培训起到应有的效果。另一方面,借鉴德国的双元制职业教育模式,在我国《中华人民共和国劳动法》中明确界定工匠型培训机构的法律地位、设定条件、组织机构、运行模式、职责以及培训师的任职条件、权利义务等，建立由农村经济组织、社会机构和政府设立的农村工匠型培训机构，形成以就业、转业为导向的培训机构并行的二元培训模式。同时，积极出台相关立法的行业实施规定，形成系统的现代学徒法律规范体系。使经由木匠、铁匠等农村手工业者传承下来的工匠精神得以延续，并扩大到农业劳动者全体。

(四) 健全农业劳动者激励制度，提高其劳动积极性

1.增强工时弹性，引入“核心工作时间”及确定机制

由于在特定时间段内，工作时间和休息时间呈此消彼长的状态。劳动法中的工时立法以协调工作和休息为原则，既应限制工时长度以保障劳动者休息权，又要规范工时的利用和安排以增强其利用效率、提高生产力并降低失业率。标准工作时间与大多数劳动者工作性质较为契合，多数工匠型劳动者则需投入不特定的时间专注于创新。因此，特殊工时制的完善或建构，对培育创新型农业工匠人才尤为必要。

第一，拓宽不定时工作制、综合计算工时工作制的范围，为农业劳动者提供更加弹性的工作制度和休息制度。因为部分农业劳动者受季节、天气影响较大，其工作时间须随时调整。同时，随着互联网技术、电商平台在农村普及，导致农村远程工作者、互联网平台工作者涌现，传统的标准工作时间制度无法适应该类农业劳动者的劳动特点。故必须健全现行两种特殊工时制度，提高农业劳动者的积极性和创新动力，发掘并培育其潜在工匠精神。一是要拓宽不定时工作制、综合计算工时工作制的适用范围。原劳动部《关于企业实行不定时工作制和综合计算工时工作制的审批办法》(以下简称《审批办法》)采用列举加兜底的方式确定不定时工作制、综合计算工时工作制的适用范围，该种方式存在一定的缺陷。因为列举的范围过窄，许多新兴行业或特殊岗位并未纳入其中，而且兜底条款中的一些原则及内涵描述模糊。因此，在工匠精神和劳模精神成为时代号召的社会背景下，建议采用“法定+意定”的立法模式，在重新圈定列举式范围的同时，增加劳动关系双方约定适用的情形。二是要取消适用不定时工作制、综合计算工时工作制的行政审批程序，用职工民主制度审议和备案程序取代。适用特殊工时需要经过行政部门烦琐的审核、批准程序，完全将决定权交给行政部门，审批尺度不一，造成了特殊工时适用混乱。笔者认为，工作时间和休息时间同为劳动基准制度的组成部分，属于劳动关系

调整的宏观层次,劳动法以法定形式规定劳动关系双方权利义务,明晰适用范围而非增加行政干预是立法的侧重点和劳动法治现代化的要求。对比来看,日本确定时间型变形劳动时间制实行申报制,由雇主根据就业规则委以劳动者决定工作开始和结束时间,并与工会或劳动者代表订立劳资协议。故建议我国立法规定,不定时工作制、综合计算工时工作制经过职工代表大会或职工代表同意,并向劳动行政部门备案后方可使用。

第二,有条件引进“核心工作时间制度”,通过劳动规章制度、职工民主管理机制确定核心工作时间和适用的人群。核心工作时间制度属于移动工时制度的组成部分。移动工时制度是德国弹性工作时间之一,它的内涵在于“依需求而弹性调整工时”,一般被视为工作时间主权、以劳工的个别时间利益为首要考量的弹性类型。它主要有两个特点:一是工作起讫时间的移动;二是工作时间长短可以自由调整,但同时在一较长的时间内符合平均工时额度。移动工时制度的标准模式则为核心工作时间制度,即工作开始与结束时间由劳工自行决定,但有固定核心的工作时间不能弹性调整。例如,可以规定雇员每周工作时间从周一到周五共40小时,每天上午9点到12点为核心工作时间,在此期间雇员必须在岗,其他25小时由雇员在其他时间段自行安排。由于农业生产受天气、作物生长季节等因素影响,故应在核心工作时间之外,允许农业劳动者灵活决定工作时间的起讫及长短,以提高农业劳动者的自主性、积极性。一些个人工作独立性强、无须与其他劳动者合作就能完成工作或者创新性强的工作岗位,用人单位可以在集体合同、劳动规章制度中规定适用核心工作时间。

2.优化针对农业劳动者的薪酬激励制度

学界普遍认为,工资具有分配、保障、激励等职能,几种基本职能之间相互配合、相互促进。我国主要有计时和计件两种工资基本形式,年薪制适用范围小。我国立法规定工资包括基本工资、奖金、津贴和补贴等。其中基本工资属于变动较小部分,受工作能力、业绩影响最小;津贴和补贴在特殊条件下适用,在工资总额中占比较小。综合性、体系化的薪酬激励制度尚未形成。我国现行工资制度侧重于强调保障职能,分配职能、激励职能略有缺失,不利于农业劳动者的激励与保障。转型中的农业劳动者工匠精神培育,应将薪酬保障与激励并重的理念以法律的形式确定。

第一，丰富薪酬体系，形成多元、机动性的薪酬激励机制。在众多因素中，薪酬对劳动者的激励作用巨大，薪酬范围的确定是劳动法要解决的重要问题。建议将劳动者薪酬划分为工资和福利性薪酬两部分。其中农业劳动者的福利性薪酬主要包括公共福利、股票期权、虚拟股票、业绩股票以及住房、汽车、专项培训等待遇。福利性薪酬主要由劳雇双方约定使用，知识型员工、技能型员工应强制适用部分福利性薪酬。

第二，强化薪资民主协商制度。完善集体协商制度，针对不同用工单位中不同性质农业劳动者，实行质量工资与绩效工资并重的工资先导机制，既鼓励兢兢业业、质量超越的农业劳动者，也鼓励改革创新、绩效显著的农业劳动者。

第三，完善薪酬考核评价制度。在薪酬考核方面，日本实践中衍生出以技术或以工作表现为基础的工资，区别于以年为基础的工资制度。我国也应当建立科学的薪酬考评体系，引导用人单位在不低于工资标准的基础上，根据农业劳动者的工作表现、岗位性质等确定薪酬待遇和调整机制，并将薪酬考评制度报送劳动行政部门备案监督。

3. 中长期劳动合同的设计理念应针对具有工匠培养潜能的农业劳动者

工匠精神的培育和树立需经历漫长过程，从普通农业劳动者成长为技艺精湛的工匠需要在其领域长期钻研、积累和革新，稳定、和谐的劳动关系是必要条件之一。我国《中华人民共和国劳动法》的实施使得劳动合同短期化现象严重，《劳动合同法》立法立场虽转变为以无固定期限为主导，但过于刚性的“一刀切模式”不符合劳动法调整模式的现代化进程，容易导致用人单位规避法律适用，影响劳动关系稳定。从保障就业稳定、提升企业竞争力、缓解严峻就业形势的角度看，短期劳动合同不符合现行劳动力市场的需求。具体而言，应借鉴我国台湾地区《劳动基准法》规定，将临时性、短期性、季节性、特定性工作岗位与继续性工作岗位区别对待。对于用人单位附加了特殊待遇的继续性工作岗位，如提供专项培训、专项资金资助等待遇的农业劳动者，应设定长期甚至无固定期限合同。在劳动合同期限内，对农业劳动者单方解除劳动合同进行必要限制，若因此构成违约应承担相应法律责任，以此激励和督促农业劳动者养成工匠精神。

总之，农业劳动者转型中不可避免地会遇到各种问题，因此，提高其就业和创业能力，培育其工匠精神将会成为今后农村工作的重点之一。工匠精神的养成是一个长期、复杂的过程,《中华人民共和国劳动法》虽从人力资源开发与保障的角度承担了工匠精神培育的主要任务,但仍需要通过社会保险法等法律制度予以配合,对农业劳动者的其他社会权、知识产权予以规范,形成一张严密的制度网络,为转型中的农业劳动者工匠精神的培育提供全面保障和激励。

第八节　生态价值

一、主体功能区与生态文明建设并行发展具有重要现实意义

党的十八届三中全会审议通过的《中共中央关于全面深化改革若干重大问题的决定》,提出了加快建立生态文明制度,健全国土空间开发、资源节约利用、生态环境保护的体制机制,推动形成人与自然和谐发展的现代化建设新格局,并进一步提出加快实施主体功能区战略,将其作为生态文明建设的重要内容。“十三五”规划也将主体功能区布局和生态安全屏障的基本形成作为“十三五”规划期我国经济社会发展的主要目标之一。国土是生态文明建设的空间载体,2010年国务院印发的《全国主体功能区规划》中指出,基于不同区域的资源环境承载能力、现有开发密度和发展潜力等,将我国国土空间按开发方式分为优化开发区域、重点开发区域、限制开发区域和禁止开发区域,并赋予城市化地区、农产品主产区及生态功能区三类具体内容。不同区域能否根据自身的资源环境禀赋,各司其职,恪守各自的开发强度,严格按照主体功能定位发展,构建科学合理的城市化格局、农业发展格局和生态安全格局,达到规划的理想模式,以最小的资源环境代价实现最大的经济效益,是需要重视的现实课题,更关系到主体功能区战略和生态文明建设战略的成败。因此,在当前生态文明建设和主体功能区战略的背景下,研究限制开发的农产品主产区时,如何解决区域经济发展与生态保护之间的矛盾,如何深入发掘实现农业生态价值的具体路径,在生态保护的同时实现收入增加和经济发展,使生态文明建设战略和主体功能区建设战略落到实处并持续可行,具有一定的现实意义。

在市场经济体制下,由于行政分割的原因,当区域发展过程中存在利益冲

突，或需要解决跨区域的公共问题时，各行政主体往往缺乏协作与互动，而且会为了各自的利益而形成“板块经济”。主要表现为各行政区域内形成了雷同的产业结构、严重的重复建设、混乱的空间开发秩序，导致生态环境不断恶化，资源环境承载力下降，各区域的开发密度与其实际承载力在空间上呈现严重的错位。因此，构建合理的政府、市场双效运行机制，以促进区域要素和经济活动在空间上的合理流动，实现真正意义上的行政突破和合理的区域空间结构已迫在眉睫。同时，各类环境污染呈现高发态势，工业文明粗放式发展的负外部效应所积累的后果，使整体环境变差，公众健康受到威胁，经济社会矛盾不断积累且日益突出，成为制约我国经济社会可持续发展的短板和建设“美丽中国”、实现绿色中国梦的最大阻碍。主体功能区战略是一个具有中国特色的战略，是我国现有区域经济发展观的重大创新。推进主体功能区战略，可有效克服对发展条件不同的异质区域进行同质化管理所带来的弊端，促进区域协调发展、资源配置优化、生态环境恢复，实现经济、社会的可持续发展及生态文明的形成。

自2008年国际金融危机以来，绿色经济与绿色发展迅速兴起，世界开启了全面的生态变革与绿色转型。党的十八大报告明确指出，“建立反映市场供求和资源稀缺程度、体现生态价值和代际补偿的资源有偿使用制度和生态补偿制度”。我国也加快了经济社会发展绿色低碳转型和生态文明建设的步伐。推进生态文明建设是经济发展方式转变、发展质量和效益提高的内在要求，是以人为本、和谐发展的必然选择，是积极应对气候变化、维护全球生态安全的重大举措。自党的十八大确立社会主义生态文明科学理论以来，生态的价值正在被普遍认识和接受，我国正构建绿色经济形态与发展模式，走出一条生态文明、绿色经济的发展道路，而主体功能区战略正是我国生态文明建设的重要组成部分和必要保障，两者相互依存，互相促进。

二、在主体功能区建设中促进农业生态价值的实现

如果改革中的利益调整是一种“帕累托”改进，即一部分人利益的改善并未引起任何人的利益受损，而整个群体利益得到改善，此时的社会将是平衡而和谐的。而如果一种变革使受益者所得足以补偿受损失者的所失，这种变革就是“卡尔多—希克斯”改进，现在的很多改革都是“卡尔多—希克斯”改进。主体功能区建设正是一项对整个社会有益的“卡尔多—希克斯”改进和一段时间内对部分人有失“公平”的“非帕累托改进”。主体功能区战略旨在从国家层面协调经济与生态、发展与保护、公平与效率之间的关系，促进区域经济发展向新型格局和结构转变。主体功能区战略实施后，未来我国国土空间将形成“两横三纵”为主体的城市化战略格局、“七区二十三带”为主体的农业战略格局、“两屏三带”为主体的生态安全战略格局。实施主体功能区战略有利于构筑区域经济优势互补、主体功能定位清晰、国土空间高效利用、人与自然和谐共处的区域发展格局，为生态文明建立奠定基础。但在当前工业文明的主导下，外溢的生态收益很难转化为确定的经济收益，限制开发的农产品主产区的资源与生态的经济价值在现实中不能完全反映出来，这一区域的发展就会受到制约，生态文明建设和主体功能区战略的实施就会打折扣。限制开发的农产品主产区如何实现“不开发的发展”是一个重要课题，对这一问题的探索有助于解决我国生态保护与经济发展的矛盾冲突，而解决这一问题的核心在于从多途径去发掘农产品主产区隐含的经济价值，即农业生态价值的实现。

1999年，日本颁布《食物·农业·农村基本法》正式确立了农业的多功能性概念。农业多功能性指农业不仅具有生产和供给农产品、获取收入的经济功能，还具有生态、社会等其他功能。农业的价值也因此分为经济价值（物质形态的产品）、生态价值（农作物的物理、化学作用）和社会价值（非物质形态的生命系统支持功能、个体感知和社会整体响应）。长期以来，人们只重视农业的经济功能和社会功能，忽视了农业的生态功能，注重农业作为基础性产业对国民经济发展的重要作用及农村稳定对社会稳定的重要影响，却很少关注农业对整个生态系统的意义。随着经济的快速发展和城镇化进程的加快，农业的生态价值逐渐为人们所关注。但长期以来，我国对农业实物价值的重视和对农业生态服务价值的忽视，导致农产品主产区生态保护问题严重，甚至带来耕地资源的大量流失。因此，有必要强调农业的生态价值，促使人们重新审视农业的作用与地位，以更好地推进生态文明建设进程与主体功能区战略的实施。

农业的生态价值是生态系统服务价值的一种，主要指农业生态系统的间接价值（隐性价值），即对农业生态服务进行的货币化度量。农业生态服务包括气体调节（净化空气与美化环境）、气候调节、水源涵养、土壤形成与保护、废物处理、生物多样性维持、休闲娱乐等。农业的净碳汇功能、水土保护功能、环境净化功能等使农产品主产区成为城市化地区的“绿肺”和整个生态系统的

"还原器"。农业产生的生态环境产品具有明显的公共品属性，农业的生态价值具有明显的外部性特征和价值隐性。农业的生态价值长期以来被忽视，没有被充分认识和发掘。因此，解决农业生态价值实现的核心在于使农业外溢的生态收益转化为确定的经济收益。

三、农业生态价值实现的主要模式

农业应顺应社会需求的新变化，实现由传统产量农业向质量农业的转变，成为提供集生产、生活、生态一体的复合型产业，充分发挥其生态功能和社会文化服务功能。城市化越发展，农业的生态功能就越重要，其生态价值也就越凸显。综合来看，发掘和实现农业的生态价值可采取以下三种模式。

（一）政府补偿模式

"十三五"规划提出落实主体功能区规划，完善政策，加大对农产品主产区和重点生态功能区的转移支付力度，强化激励性补偿，推动各地区依据主体功能定位发展。但现行财政转移支付制度与主体功能区战略下生态补偿机制的要求还存在一定差距，因此，对具体补偿方案的探索已刻不容缓。农业碳汇补贴符合WTO的农业协定，属于"绿箱政策"，所以可在增加农业收入、实现农业生态价值的同时，又符合国际规则，不会遭到其他成员国的质疑。因此，可通过建立农业碳汇补贴制度，对农产品主产区进行生态补偿，补偿依据为农业的净碳汇功能。加大财政转移支付力度，主要是中央向地方的纵向财政转移支付，以有效激励减排增汇，减少农药、化肥投入，杜绝秸秆焚烧行为，增加农业的碳汇量。此外，政府补偿模式也可根据"谁开发谁保护，谁破坏谁恢复，谁受益谁补偿，谁污染谁付费"的生态补偿原则，通过对污染环境的城市地区征收"生态税费"，以补偿对生态环境做出贡献的农产品主产区。同时，建立横向和流域生态补偿机制，设立"生态环境建设补偿基金"，对生态环境受益者征税，而对生态环境保护者予以补偿。

（二）市场化补偿模式

农业正外部性补偿问题的解决除了依靠政府转移支付补偿外，还可引入市场机制，建立碳交易平台，通过产权交易，鼓励利益相关者在市场上博弈与协商。当前，我国大力发展绿色经济，旨在培育以低能耗和低污染为基础、低碳排放为特征的新兴经济增长点，将节能减排、推行低碳经济作为国家发展的重要任务。另外,林业碳汇交易是涉农碳汇交易的主要部分,农业其他领域的碳汇交易规模较小,因而林业碳汇应成为农业碳汇的主要发展对象。随着全国碳交易平台的建设发展,碳资产将成为继现金资产、实物资产、无形资产之后的第四类新型资产,农产品主产区拥有的农业碳汇将成为重要交易对象之一,农业的生态价值有望通过碳资产交易而得以实现,农产品主产区也将由此得到必要的补偿资金。

(三) 自力补偿模式

目前,我国大部分农民对于农业的生态价值关注和认知度不够,使其仅能获得传统的农业生产性收入和兼职收入,而农业的生态价值则作为纯公共产品免费向社会提供,农业的价值也因而被低估,农民尚未成为发掘和实现农业生态价值的主体。实现农业生态价值的自力补偿模式,应充分发挥农民的主体作用,引导广大农民成为发掘和实现农业生态价值的主体。调整农业生产结构,发展有机农业及其产品加工,延伸产业链条,打造地域化、个性化的特色、绿色农产品。这不仅可满足消费结构升级的需要,而且可提高农产品附加值,减少农业生态价值外溢,完成农产品的生态价值转化,最大限度实现农业的生态价值。同时,拓展新兴产业,倡导三次产业融合,融合田园风光、乡村居所、农业文化、民俗风情、生产形态、生活方式等要素,发展以农业为支撑、以农村为载体的生态旅游、体验旅游等,利用农村的生态优势,实现农业的生态价值,带动农业和农民收入增加。

四、主体功能区建设中推动农业生态价值实现的政策建议

(一) 建立农业生态补偿机制

推动建立农业生态补偿机制,完善相关法律法规。在农业生态补偿机制建设过程中,必须明确生态领域所具有的公共服务属性,强调政府的主体责任,要意识到补偿机制不到位不仅会打击生态保护者的积极性,而且会损害全社会的公共利益。重点关注生态补偿机制中的财政转移支付制度,通过建立农业碳汇补贴制度,对农产品主产区进行生态补偿。同时,可效仿2004年正式建立的中央森林生态效益补偿基金,探索建立农业生态补偿基金。通过征收生态补偿费和生态税,使农业生态效益的受益者支付相应费用,实现生态保护外部性的内部化,以弥补国家财政在农业生态补偿方面的不足,有效解决生

态产品消费过程中的“搭便车”问题，并激励更多生态公共产品的供给，鼓励更多的社会主体参与生态产品生产，提高生态文明建设效率，缓解当前的生态环境压力。此外，由于生态补偿是相关主体参与生态保护最为直接的动力来源，也是实施生态保护战略的主要激励手段，因此，应制定和完善有关生态补偿方面的法律法规，明确规定生态补偿的主体、对象、标准、方式、范围和程序等基本问题，为包括农地在内的自然资源生态补偿提供法律依据。统一农业生态价值测算的技术方法，明确生态服务价值的当量因子表，以此精确评估农业的生态价值、科学确定补偿标准，为农业生态价值补偿提供方法指导和依据，避免由于生态价值评估方法不统一而造成补偿参差不齐和不公平等问题。

(二) 发挥市场在农业生态补偿中的作用

在实践中，政府的财政预算和较高的管理运营成本往往会制约以政府为主导的补偿模式。生态补偿的实现不能完全依靠政府，市场也需要积极参与。在碳交易制度和平台不断发展与完善的基础上开展碳资产交易，是农产品主产区实现农业生态价值的有效方式。因此，要注重以市场为导向的碳汇功能生态补偿方式，开发农业碳汇，建立健全碳排放权交易机制，使碳汇的市场价格成为调节农业生态价值实现的有效工具。发挥市场在农业生态补偿机制中的作用，不仅有利于满足各主体差异化、个性化的补偿需求，还能随时发现有价值的市场信息，发挥市场的灵活优势，弥补政府主导生态补偿的不足。同时，由于我国农业经营主体的规模一般较小，单个农户参与碳交易市场不太现实，因此，以区域为单位或委托第三方农业经营组织参与碳交易市场是比较可行和值得探索的方法。

(三) 加快农业的转型与融合发展

农产品主产区应积极调整农业生产结构，促进三次产业的融合发展。重点推动农业与加工业、旅游业、文化产业的有机融合，引导广大农民大力发展有机农业及其产品加工业，并通过生态成本内部化倒逼增长方式转变，以实现农业的生态价值。大力发展农业生态旅游业，围绕农家乐、休闲农庄、农业园、民俗村等，发展休闲农业和乡村旅游。充分发挥典型示范带动作用，依托休闲农业和乡村旅游发展特色餐饮业及特色种植业、养殖业和文化产业，带动农民就业、致富增收，也为城市居民提供呼吸新鲜空气、放松心灵、体验乡村生活的去处。在经济发展新常态下,发展休闲农业和乡村旅游是拓展农业多功能性、实现农业生态价值的有效途径。

第四章 中国重要农业文化遗产空间分布影响因素

第一节 自然环境分析

一、地形地貌

我国重要农业文化遗产主要分布在平均海拔3 000米以下的第二和第三阶梯，而以青藏高原为主的第一阶梯暂无农业文化遗产分布。这说明其分布与地势高低密切相关。首先，地势高低通过影响气候及生态环境进而影响农业文化遗产的空间形成：其次，地势高低不同，基础设施建设难度各异，经济发展水平及人民生活条件存在地区差异，使得农业文化遗产的开发与保护程度因地而异。

第二阶梯有农业文化遗产20个，占总遗产的32%。第二阶梯农业文化遗产以秦岭以南分布最多，秦岭以南地区地貌复杂多样，高原盆地相间分布，辅以丘陵沟谷，使得各地农作物生长的气候、生境迥异，形成了以水稻、茶叶为主的农业文化遗产集中地。以云南为例，云南6个重要农业文化遗产中，有2个茶文化系统和3个稻作文化系统，这与云南高山峡谷相间分布的多元地形有着密切关系。云南省地处云贵高原，东部平均海拔2 000米左右，西部海拔1 000米左右，部分地区海拔500米以下，地形复杂多样，既有高山，又有峡谷，适宜多种农作物的生长。多山的地貌类型，沟谷地区地势低平、热量充足、土壤肥沃，适合水稻种植。此外，由于山高谷深，为防止水土流失，因地制宜地进行灌溉，还出现了梯田文化系统，如红河哈尼稻作梯田系统。秦岭以北重要农业文化遗产分布较为零散，且主要分布在黄河沿线，以保证充足的灌溉水源。秦岭以北主要是高原、盆地地形，加之气候干燥，自然条件与秦岭以南地区存在较大差异，使得秦岭以北的重要农业文化遗产类型与以南地区明显不同。秦岭以北地区重要农业文化遗产多果类、药用类农业文化系统，如甘肃的皋兰什川古梨园、永登苦水玫瑰农作系统、岷县当归种植系统，宁夏的灵武长枣种植系统、中宁枸杞种植系统等。以新疆地区为例，新疆高原盆地相间分布，海拔较高，光照充足，日照时间长，适合生产优质瓜果，但水资源匮乏，灌溉水源成为农业生产的限制条件，只能因地制宜发展旱作农业或者发展灌溉农业，例如奇台旱作农业系统与坎儿井灌溉农业系统。

第三阶梯有农业文化遗产42个，占总遗产的68%，居三大阶梯之首。第三阶梯的地貌类型以平原、丘陵为主，包括三大平原和三大丘陵，平原与丘陵相间分布。第三阶梯地形、地貌、气候等自然条件优越，农业发展历史悠久，东北平原、华北平原及长江中下游平原更是我国重要的粮食生产基地，因此人们的农业生产活动在与自然环境长期适应的过程中，必然会留下珍贵的农业遗产。第三阶梯上这六大地形地貌区皆有重要农业文化遗产的分布，尤其在华北平原、长江中下游平原及东南丘陵地区数量较多、分布集中。华北平原的水热组合条件不如其他两个地区，但适合一些旱生作物的生长，且地理位置优越，响应机制健全。在长江中下游平原及东南丘陵地区，地势平坦开阔之地，水资源丰富，水田农业发达；地形崎岖之处，因地制宜地种植茶叶；地势较高处，修筑梯田，节水排水；因而形成了“稻作文化”“茶文化”“梯田文化”等多种农业文化遗产。

综上，根据我国重要农业文化遗产在三大阶梯的分布状况得知，农业文化遗产的分布与地形地貌类型有较大关系。目前已经认定的中国重要农业文化遗产主要分布在以山地、丘陵为主的地貌类型复杂地区，青藏高原以宗教与农牧业相结合的雪域农业文化系统在农业遗产普查的过程中值得关注。

二、气候环境

我国主要的气候区均有农业文化遗产分布，本书主要从年均温、年降水量两方面分析遗产地的气候环境。根据我国年降水量的分布，除了新疆吐鲁番坎儿井农业系统和哈密市哈密瓜与贡瓜文化系统所在地年降水量小于50毫米，我国大部分遗产地年降水量均大于200毫米。由于所处纬度位置、地形地貌的差异，各遗产地年均温与年降水量不尽相同，但也有一些共性。

分析发现，从气候环境共性方面，可以将重要农业文化遗产地分为三大类。第一种是类似新疆吐鲁番坎儿井农业系统和哈密市哈密瓜与贡瓜文化系统这种所在地气候极端干旱的农业文化遗产地，与其他农业文化遗产地区别明显，自成一类。剩下的根据其年均温、年降水量差异又可分为多个小类进行分析。第二种是如湖州、恩施、杭州、绍兴、普洱、新化、隆安年降水量1 300~1 500毫米，年均温16~20℃的农业文化遗产地。这些遗产地纬度位置偏低，属亚热带季风气候，年降水量与年均温相差异较小。杭州、绍兴、普洱、隆安受夏季风（东南季风/西南季风）影响，降水丰富；位于武陵山区的恩施、新化地势高，多地形雨，属山区湿润气候。尤溪、安溪，赤壁、崇义、潮州、云和、庆元、休宁、万年年降水量大于1 600毫米，年均温17~20℃。这些遗产地受季风影响，降水丰富，气温年较差小。红河、仙居、龙胜、青田年均温18℃左右，与组内其他遗产地相差不大，但年降水量在2 000毫米左右，明显高于其他地区。青田与仙居位于东部沿海，夏季受季风影响显著，且山地、丘陵地貌占全县80%以上，受地势抬升，多地形雨，因此降水明显高于同省以平原、盆地地貌为主的杭州、湖州、庆元等地。红河、龙胜位于西南季风气候区，由于海拔高，降水明显偏高。第三种是如剑川、美姑、桓仁、寿县、枣庄年降水量800毫米左右，年均温10~15℃的农业文化遗产地。除了桓仁和枣庄，其他遗产地均位于典型的亚热带季风气候区，夏热冬暖，年均温与年降水量差异较小。桓仁和枣庄位于近海地区，受季风影响，降水相对较多，但处于温带，纬度位置偏高，降水量年较差较大，年均温相对较低。新晃、花溪、宽甸、兴化、泰兴、漾濞、双江、广南年降水量在1 000毫米左右，年均温15℃左右。除宽甸外，其他地区均位于我国南方亚热带季风气候区。双江纬度位置最低，年均温相对较高；宽甸年降水量多，年均温低的原因与桓仁类似。滨海、夏津、涉县、龙井、乐陵、宁安、房山、灵宝、抚远、迭部、岷县、平谷、宽城、鞍山年降水量400~800毫米，除龙井、抚远、宁安外，其他遗产地年均温10℃左右。这些农业文化遗产地均位于温带季风气候区，但由于龙井、抚远、宁安纬度位置高，夏季温暖，冬季气温低，气温年较差大，年均温只有5℃左右。宣化、佳县、敖汉、科尔沁、皋兰、奇台、永登、灵武、中宁年降水量低于400毫米，年均温低于10℃，属于我国干旱半干旱气候区。

综上，重要农业文化遗产地的气候环境在纬度位置、地形地貌等综合作用下呈现多样性，正是降水、气温、光照、湿度、霜期等因素存在地区差异，形成不同组合的气候环境，为当地地方物种的生长提供了条件。因此，气候多样性在地貌环境作用下孕育了生物多样性，成为农业系统的重要组成部分。

三、生态环境

除了地形地貌、气候环境对农业文化遗产的影响外，不同农业文化系统的形成还与其所处的生态环境密切相关。从中国植被带的分区看，除青藏高原的高山植物区暂无农业文化遗产分布外，其他植被带均有农业文化遗产分布，这些植被带所属区域地形地貌、气候、水源等条件组合各异，形成了不同的生态系统。

秦岭淮河以南地区，水热条件优越，森林覆盖率高，水资源丰富，耕作制度一年两熟至三熟，从而形成了森林—水田—湿地相结合的复合生态系统。这种复合生态系统，生物多样性极其丰富，丘陵地区森林覆盖率高，既有地带性树种（如各类名茶树种、中草药等），也有地方特色树种（如浙江会稽山的香榧群）。雨热同期的气候条件，不仅适宜水稻、小麦、蔬菜、果树等的生长，在长期的生产活动中，人们发现并实践了多种更高效、更生态的复合生产模式，例如浙江青田稻鱼共生系统、贵州从江稻鱼鸭系统、云南漾濞核桃—作物复合系统等。此外，丘陵山区水土流失严重，为了节水排水储水，修筑梯田成为当地居民的首选，例如湖南新化紫鹊界梯田、福建尤溪联合梯田、云南红河哈尼梯田。

秦岭—淮河以北地区，主要以森林草原—荒漠生态系统为主。森林景观主要分布在华北平原和东北平原，山区植被覆盖率较高，生物多样性丰富，地带性作物以枣类、苹果、葡萄居多，例如山东乐陵枣林复合系统、吉林延边苹果梨栽培系统、辽宁鞍山南果梨栽培系统等。由于各地山区自然环境的差异性，还出现了一些地方特色作物系统，例如辽宁宽甸柱参传统栽培体系、宁夏中宁枸杞种植系统等。地势平坦开阔、水源充足的地区则发展水田农业，如北京京西稻作文化系统、黑龙江宁安响水稻作文化系统；地势较高且水源匮乏的地区则发展旱作农业，如河北涉县旱作梯田系统、内蒙古敖汉旱作农业系统。草原生态系统是游牧民族的天然栖息地，是“游牧文化”的发祥地，内蒙古阿鲁科尔沁草原游牧系统是我国唯一的一个草原游牧系统。西北地区气候干旱，水资源匮乏，灌溉水源成为当地农业生产的限制条件，因此农业生产主要以旱作为主或发展灌溉农业，例如新疆奇台旱作农业系统和新疆吐鲁番坎儿井灌溉农业系统；但光照充足、日照时间长成为当地农业发展的优势，利于瓜果糖分的积累，如哈密瓜栽培与贡瓜文化系统。

综合上述分析，所有的遗产地均属于复合型生态系统，农作物种植、森林、草原、湿地、荒漠各种生态环境相互交织，形成了多种农业生产系统。由于不同农业文化遗产地的自然生态环境各有其特点，从而形成了果林、水田、旱作、草原游牧、灌溉等多元农业文化系统。青藏高原海拔高，多永久雪山、冻土发育，生态环境脆弱，农业生产遭到巨大挑战，但其独特的高寒农业或游牧生产方式仍值得探索。

第二节　社会经济条件分析

一、经济发展水平分析

我国重要农业文化遗产地人均生产总值超过全国平均水平的遗产地占总遗产的30%，低于全国平均水平的占总遗产的70%。为进一步分析各遗产地经济发展水平的共性与差异性，探讨遗产地的挖掘和保护与经济发展水平之间的关系，需要对各遗产地的经济发展水平进行汇总和分析。

根据遗产地人均生产总值聚类分析，可将中国重要农业文化遗产地经济发展水平分为三个大类。其中天津滨海新区人均生产总值达30万元以上，远远超过全国平均水平及其他遗产地，因此滨海新区可自成一类。天津滨海新区是国家第一个综合改革创新区，是环渤海经济圈的中心地带，地理位置十分优越；经济增长主要依靠第二产业，第二产业对地区生产总值的贡献率为62.5%，而第一产业只占0.1%，工业化程度在全国处于领先水平。

第二类是如杭州西湖区、灵武市这种人均生产总值10万元以上的地区。杭州西湖区、灵武市的人均生产总值是全国平均水平的两倍，且年增长速度超过10%。尽管两个地区人均生产总值及增长速度具有相似性，但其经济增长方式却不尽相同。杭州西湖区集休闲旅游、科研院校、政府机构、高新技术产业、现代服务业于一体，其经济增长主要来源于第三产业，第三产业增加值占地区生产总值的87.8%，而第一产业与第二产业分别只占0.5%和11.7%。灵武市与西湖区相反，其经济增长主要依靠第二产业。灵武市虽位于经济欠发达的西部地区，但煤、石油等资源丰富，是国家级宁东能源化工基地和城市矿产示范基地，第二产业增加值占地区生产总值的87.2%。福州、花溪、鞍山、哈密、泰兴、湖州、赤壁、灵宝、绍兴等遗产地人均生产总值稍高于全国平均水平，经济增长主要依靠第二、三产业的拉动，除赤壁市以外，其他遗产地第一产业对地区生产总值的贡献率低于10%。福州、泰兴、湖州、绍兴四地均位于东部经济发达地区，受闽三角、长三角经济圈的辐射作用，经济发展态势较好。花溪、鞍山、赤壁皆是省会城市腹地，经济发达，环境优越。灵宝市是中部百强县市之一，第二产业增加值超过50%；而哈密市是一个年轻的城市，地域辽阔，人口稀少，人均生产总值也高于全国平均水平。兴化、尤溪、房山、奇台、涉县、青田、桓仁等遗产地人均生产总值略高于全国平均水平，桓仁与奇台人均生产总值较低，分别为171.9亿元和115.6亿元，但由于常住人口少，其人均生产总值也略高于全国平均水平。第三类是人均生产总值皆低于全国平均水平的剩余43个重要农业文化遗产地。尽管如此，大部分遗产地经济支撑仍是依靠第二产业，而迭部、阿鲁科尔沁旗、普洱、双江、恩施等地则拥有较高经济价值的旅游资源，第三产业对地区生产总值的贡献值较高；红河、广南、隆安、美姑等遗产地深居西南山区，是少数民族聚居地，仍以第一产业为主要经济来源。

综上所述，经济发展水平对农业文化遗产有两方面的影响。一方面，影响农业文化遗产的地区分布。经济发展水平高的地区，城镇化进程开始早且速度快，产业主要依赖于第二、三产业，传统农业遭到破坏甚至弃用；经济发展水平较低的地区，城镇化进程开始晚且速度较慢，农业机械化水平低，仍然保留着传统的耕作方式，传统农业系统反而受到了保护。另一方面，影响农业文化遗产的保护与开发。东部经济发达地区，经济发展水平高，应该投入更多的资金进行农业文化遗产保护与开发，避免农业文化遗产在快速城镇化的过程中消失。中西部经济欠发达地区，应以农业文化遗产为契机，积极寻找合理的发展方式，做到发展与保护相结合，寻求经济、社会、文化、生态效益的统一。

二、人口及民族构成分析

农业文化遗产的分布与人口密切相关。中国重要农业文化遗产有62处，分布范围广，各遗产地因土地面积、自然环境、经济发展水平等差异，无法用人口绝对数量进行对比分析，因此本文选用人口密度进行分析，辅以民族构成进行补充。这62处重要农业文化遗产地的人口密度从4人/平方千米到2 100人/平方千米，区域间人口密度差异大。对各遗产地人口密度进行聚类分析，将遗产地人口密度分为三类。天津滨海新区、张家口宣化区、杭州西湖区的人口密度超过1 000人/平方千米，其中，杭州西湖区人口密度更是高达2 100人/平方千米，远远超过其他遗产地的人口密度。天津滨海新区、张家口宣化区位于京津冀城市群，而杭州西湖区则处于长三角城市群，经济发达，人口密集，是核心聚集区。泰兴、湖州、兴化、花溪、潮州、乐陵、夏津、绍兴、福州、房山、枣庄、鞍山、寿县、平谷等遗产地的人口密度超过400人/平方千米，除花溪位于西南地区以外，其他遗产地均位于中东部地区，经济发展水平高或接近主要的城市群，人口密度大，聚集程度高。万年、青田等45个遗产地的人口密度低于400人/平方千米，密度偏低，占遗产总数的73%。其中哈密、奇台、吐鲁番、科尔沁、迭部、抚远的人口密度低于25人/平方千米，地广人稀，属极稀疏区。可见我因绝大部分重要农业文化遗产地的人口密度偏低，合理的人口数量对于遗产地农业的发展和生态环境的和谐具有重要的意义。

综上所述，我国绝大部分遗产地人口密度偏低，合理的人口数量对于农业文化遗产的可持续发展具有重要意义。人口密度过大，尽管消费市场广，但是快速城镇化会给传统农业文化系统及农业景观带来毁灭性的冲击，因此人口密集的地区更应注重农业文化遗产的保护。人口过少，劳动力资源短缺，人与周围环境的相互作用较小，很难形成稳定的、满足当地经济社会与文化发展需要的农业系统或景观。因此，合理的人口，既能充分发挥传统农业系统的潜力，也能促进传统农业系统的可持续发展。此外，这些重要农业文化遗产地中，均有少数民族分布，甚至一些遗产地以少数民族为主，各遗产地少数民族文化在交流与融合过程中促进了文化的多样性，这些多样性的文化融入农业生产过程，形成各地特色的生产方式，使得农业文化遗产类型丰富多样。

第三节　政策环境分析

政策法规性文件具有强制性，难以测度各遗产地相关部门的参与度及重视程度，因此本文利用百度搜索引擎，采用关键字的形式搜索各遗产地的相关报道，以搜索结果量为依据来判断各遗产地政策环境的优良情况。从搜索结果看，有关62处重要农业文化遗产的报道量从362条到477 000条，内部差异大，可见各地在遗产宣传、研究与利用方面的参与程度不尽相同。其中，长江中下游地区、东南沿海地区、京津冀地区的重要农业文化遗产报道量较高；除广西龙胜龙脊梯田农业系统外，西南地区、东北地区的重要农业文化遗产报道量较低。

报道量居前三的分别是广西龙胜龙脊梯田农业系统、江西万年稻作文化系统和湖南新化紫鹊界梯田。广西龙胜龙脊梯田农业系统的报道量达477 000条，远超其他遗产地报道量。广西龙胜龙脊梯田是广西首个“中国重要农业文化遗产”，是中国最美十大梯田之一，是世界杰出的稻作文化景观。此外，2015年广西龙胜龙脊梯田又成为国家林业局批准建设的13家国家湿地公园之一，为龙脊梯田系统的宣传与发展提供了新的契机。江西万年稻作文化系统已有12 000余年的历史，是世界稻作起源地之一，已被认定为全球重要农业文化遗产。湖南新化紫鹊界梯田是世界上梯田面积最大的梯田系统，正在申报吉尼斯世界纪录。

从各地区重要农业文化遗产的报道量看，报道量超过10万条的地区有11个，分别是北京、天津、浙江、江苏、福建、江西、湖南、广西、宁夏、甘肃和新疆，占拥有遗产地区的44%。其中，北京、天津位于国家政治经济中心，政策响应机制完善，执行力度强。浙江、江苏、福建位于东部沿海地区，经济发达，政府有足够的资金支持农业文化遗产的挖掘、宣传与保护。位于中西部的江西、湖南、广西、宁夏、甘肃、新疆经济发展水平相对偏低，但是资源丰富且保存相对完整，挖掘、宣传农业文化遗产为当地经济发展提供了契机，且可增加自己的知名度，实现长远效益。广东、贵州、陕西、吉林有关重要农业文化遗产的百度报道量低于1万条，比其他省份低。广东经济水平高，政府可以用于遗产挖掘与宣传的资金充足，但相关报道较少，说明政府在这方面的参与性不高。贵州从江稻作文化系统、陕西佳县古枣园不仅仅是“中国重要农业文化遗产”，还是“全球重要农业文化遗产”，但其报道量远低于其他“全球重要农业文化遗产”，可见政府在遗产宣传、研究、利用方面的工作有待提高。剩下的省份以中西部省份为主，其农业文化遗产报道量在1万次到10万次之间，处于中等水平。这些省份农业在产业结构中占据一定位置，潜在的农业文化遗产资源丰富，且积极挖掘、申报、宣传农业文化遗产，为本地带来新的发展契机。云南、河北、内蒙古均有“全球重要农业文化遗产”分布，应更加注重宣传与发展。

综上所述，各省或农业文化遗产潜在地政府的执行力度与参与度会影响各省遗产的分布。执行力或者参与度高的省份遗产数量相对偏多,反之较少。

第四节　农业发展历史分析

早在旧石器时期,人类就有了狩猎为主的求生技能,进入新石器时期,人类的主要食物完全或初步来源于农业或畜牧业,人类社会进入农业时期。整理发现,公元前就已出现的农业文化遗产有17个,占总遗产数的27.42%;宋元明清出现的农业文化遗产45个,占总遗产数的72.58%。公元前经济发展水平落后,农业生产力水平低,社会政治不稳定,战争多发,对农业生产生活造成破坏,因此这个时期能够存活下来的农业系统数量较少。其次,公元前距今1万年以上,时代太过久远,能够保存与延续的农业文化遗产数量少,因此异常珍贵。宋元至明清,是封建社会发展—繁荣—衰落的时期,这期间曾出现多次大一统时代,社会环境相对稳定时,生产力发展迅速,农业生产方式多样,加之贤明君主采取的"休养生息"等相关政策,促进了当时农业的快速发展。封建社会的战争、朝代的更替,虽对农业生产造成了一定程度的破坏,但促进了各民族间的文化交流,农业生产经验的传播与吸收,使得历史上的农业生产方式更加多元化,农业生产地域不断扩大。例如,唐代文成公主把中原地区的物种、生产经验带去了西藏,并根据西藏特有的气候、土壤等自然环境形成了适于该地区的农业生产类型。

以宋元、明清为时间节点,将中国重要农业文化遗产出现的时间分为公元前、明清两个时间段。出现在公元前的农业文化遗产主要分布在黄河中下游地区和长江流域,新疆、广西有少量分布。距今约七八万年以前,或者更早,黄河流域与长江流域地区就已出现大规模的聚落,例如黄河流域的半坡居民、长江流域的河姆渡居民。聚落的形成,稳定的生活,为农业发展创造了条件,因此这一时期两地的农业就非常发达,遗留了较为丰富的农耕文化。新疆是古丝绸之路的必经之地,是通往中亚、欧洲的要塞之地,边疆贸易繁荣,加之历代君王屯兵驻守,为当地农业发展提供了资金、技术和丰富的劳动力。广西乃古骆越人(今壮族先民)的主要栖息地,石器时期就因地制宜发明了"依潮水上下"而耕作的"雒田",历史悠久。从宋元—明清时间段遗留下来的农业文化遗产分布范围广，总的来说长江以南地区最为明显，特别是东南沿海地区。历史上曾发生多次由北向南的人口迁移，促进了南北文化交流，更为南方农业发展提供了充足的劳动力。南方多以森林植被为主，水热资源丰富，适宜精耕细作，因此多以水稻种植为主的水田农业。自给自足的小农经济模式把"安土重迁"的思想植根于劳动人民的脑海中，使得一代又一代的劳动人民吸收先民的智慧，在原来的土地上精耕细作，传承珍贵的传统农业系统及景观。

综上，我国农耕文化历史悠久，遗留至今的农业文化遗产弥足珍贵。不同历史时期，不同历史地域，其农业种植对象、种植范围、生产工具、生产方式等各有其特点，使得我国农业文化遗产丰富多样。除上述遗产地之外，西藏、海南、台湾等均是我国不可分割的领土，是封建王朝屯兵驻守之地，虽与中原相隔甚远，但各民族文化交流，以及当地本土居民的勤劳智慧，也存在特有的农业文化遗产。目前挖掘的农业文化遗产主要以水稻、茶叶、果树、药用植物、古树名木为主要对象的传统农业系统，考古界发现的历史悠久的农作物还包括粟、花生、蚕豆、芝麻、油菜等，这些也是现代生活的主要食材，因此这些传统农业文化系统尚待挖掘。总之，我国潜在的农业文化遗产资源丰富，在今后的农业普查中，应全面探索各类农业文化遗存。

第五章 农业文化遗产深度挖掘与转化

第一节 农业文化遗产深度挖掘与转化的有利条件

良好的政策制度环境给农业文化遗产挖掘与转化提供了重要机遇，扎实的现实发展基础和优越的农业文化遗产资源为农业文化遗产挖掘与转化提供了重要前提，广阔的市场发展前景为农业文化遗产挖掘与转化提供了强大动力。

一、拥有良好政策制度环境

近年来，农业文化遗产保护和开发越来越受到国家的重视，各级党委政府、农业农村部门以及全社会逐渐开始关注农业文化遗产的重要意义和现实功能。农业部将“中国重要农业文化遗产”项目评选作为推动全国农业工作的一项重要内容，建立了“全球重要农业文化遗产专家委员会”，统领全国重要农业文化遗产资源融合发展的专家咨询、技术指导以及学术研究工作，有效推动了农业文化遗产的国际合作和技术交流。农业部颁发《中国重要农业文化遗产管理办法（试行）》，从宏观政策上对农业文化遗产的保护与开发作了制度安排。2016年，中央一号文件明确提出“开展农业文化遗产普查与保护”工作，对全国农业文化遗产资源进行了梳理，明确了加强农业文化遗产挖掘与保护的方向。2019年7月，第六届“全球重要农业文化遗产”（中国）工作交流会在福建安溪召开，进一步分析了当前全球重要农业文化遗产工作面临的形势和任务，总结了各地遗产工作的成绩与经验，研究谋划了下一阶段的重点工作。同时，围绕我国农业文化遗产保护与精准扶贫、休闲农业、乡村振兴等方面的工作进行了研讨，为我国农业文化遗产深度挖掘与转化指明了方向。

二、农业文化遗产资源丰富

我国农耕文化源远流长，独特的自然条件和丰富的传统经验，使我国保留了丰富多样的农业文化遗产。我国是全球农业文化遗产最为丰富的国家之一，自联合国粮食及农业组织实施“全球重要农业文化遗产”项目至今，我国有19个项目成功入选，成为全球入选项目最多的国家。2013年，农业部启动“中国重要农业文化遗产”项目评选，连续开展了七个批次的申报和评审，先后确立了河北宣化传统葡萄园、天津滨海崔庄古冬枣园、北京平谷四座楼麻核桃生产系统、浙江德清淡水珍珠养殖系统和天津津南小站稻种植系统等188个重要农业文化遗产项目。全国重要农业文化遗产项目评选，拉开了我国农业文化遗产挖掘与转化的序幕，使我国成为世界上第一个开展农业文化遗产认定与保护的国家。这些农业文化遗产生物资源和农业产品丰富，具有较为完善的农业知识技术体系，对其实施科学保护和合理开发利用，将对我国农业文化遗产开发利用形成引领示范效应。此外，我国还有大批农耕技艺、农俗等农业非物质文化遗产，形成了形式多样、类型丰富的农业文化遗产。

三、具有广阔市场发展前景

生态农业逐渐得到社会各界的一致认可和推崇，生态农产品已成为一种新的消费时尚。世界生态农业产品需求呈现逐年增多和市场全球化的趋势，生态农业已成为21世纪世界农业的主流和发展方向，预计在未来几年发展规模将持续扩大，快速转入产业化发展时期。生态农业的快速发展，对农业文化遗产的合理挖掘和科学转化提出了新要求。全国美丽乡村建设有了标准和样本，各级政府和社会团体学习交流美丽乡村建设成为常态，巩固美丽乡村建设的成果，拓展美丽乡村建设的内涵，挖掘与转化农业文化遗产便是题中之意。农业文化遗产中农业景观、农业种植养殖技术、农业设施等的挖掘和转化，将持续推进美丽乡村建设迈向更高层次。当前，生态产品、生态消费和生态旅游已成为一种社会普遍共识和市场共同需求，农业文化遗产的挖掘与转化，有助于引导公众增强生态意识，成为生态旅游的参与者、实践者和推动者，同时也将促进政府和企业开发生态产品，满足生态消费，促进生态经济发展。

第二节　农业文化遗产深度挖掘与转化的重要意义

一、有助于推动经济可持续发展

我国先辈们创造并保留了丰富的农业文化遗产，积淀了底蕴深厚的农业文明成果，为推动人类社会进步作出了重要贡献。农业文化遗产的挖掘与转化发挥的作用是综合的。一方面，可重现传统农业生产技术、生产方式，传承独特农业文化习俗；另一方面，农业文化遗产的开发利用，注重食物生产功能和农民的生活保障，可通过强化生产再造能力，建立适应农村、农业、农民以及社会需求的生产系统。其重点是在不破坏农业文化遗产核心特征的前提下，创新农业产业方式，提高经济效益，激发传统农业生产方式活力，延伸农产品产业链条，推动农村第一、二、三产业融合发展。挖掘与转化农业文化遗产，可以有效整合农业文化遗产资源，发挥农业文化遗产服务经济发展的功能，提升农业农村产能和经济效能。

二、有助于推动生态环境保护

科技进步带来的现代农业产品多元化、生产规模化以及化学农药的大量使用，已经造成许多传统农作物品种灭绝和农村农业环境的破坏。实施农业文化遗产挖掘与转化，旨在通过对农业文化遗产进行有计划、有限的、可持续的综合开发利用，实现保护生物多样性和生态环境的目标。农业文化遗产是经历长期实践检验的可持续发展的农业范式，是可持续农业道路的思想宝库。从农业文化遗产中汲取的农业技术和生态智慧，可广泛应用于现代农业，通过与现代科技有机结合，形成一系列高效的可持续农业模式。

三、有助于推动乡村振兴战略

根据对各地土地类型、农作物种类、生产条件以及产生的经济价值等方面的综合考量，有计划、分类实施农业文化遗产挖掘与转化将更加有助于农业农村发展。农业文化遗产挖掘与转化正是基于对农业资源的有效整合，理性有序地保护与开发，为落实乡村振兴战略，推动生态农业、观光农业发展探索出一条绿色可持续的发展道路。当前，农村地区仍是重要的居住区，建设新型农村社区将是农村未来之路，农业文化遗产的社会、文化、经济系统将对新时期美丽乡村建设起到重要的示范带动作用。

第三节 农业文化遗产深度挖掘与转化存在的问题

近年来，国家为积极推动重要农业文化遗产的保护和开发，出台了相应的政策制度文件，引导支持各级农业部门开展农业文化遗产资源摸底，积极申报全球、全国重要农业文化遗产项目，已经取得了一定的成绩。但是，从全国丰富的农业文化遗产资源来看，挖掘与转化的力度和效度还不够。主要表现在规划不系统、政策不配套、发展不均衡、宣传不到位等方面，亟待寻求路径加以破解。

一、规划引领缺失

就目前情况看，政府在农业文化遗产挖掘与转化的工作中作用发挥还不够，主要表现在以下三个方面。一是系统规划缺失。对农业文化遗产保护与开发工作缺乏全局性、整体性、系统性思考，管理主体及工作职能有待进一步明确，农业文化遗产挖掘与转化尚未纳入政府目标考核体系，系统规划缺失。二是评定标准缺失。我国农业文化遗产资源丰富，但是缺乏对全类农业文化遗产资源进行科学认定、类型细分、分类评价的统一标准。三是决策咨询缺失。政府现有的机构和专家咨询委员会功能作用发挥不够，对农业文化遗产的分析研究不足，转化利用方法手段也不多。

二、政策驱动不足

农业文化遗产挖掘与转化的政策驱动不足。一是缺乏整体协同。利益相关方对农业文化遗产保护与开发的重要性、紧迫性认识不充分，政府、农民、企业、专家学者、媒体的合力还未形成，共同参与的多方协同机制尚未建立。二是政策制度缺失。我们在传统农业领域已建立了较为完善的配套政策和制度体系，但针对农业文化遗产挖掘与转化的政策制度仍旧不多，相关制度亟须建立和完善。三是统筹推进不足。现行体制下，农业部门承担了农业文化遗产的管理、保护与开发等方面的主要工作任务，国土、水利、林业、渔业、旅游等相关部门参与度不高，统筹推进乏力。

三、地区发展失衡

国家对农业文化遗产保护性开发利用是重视的，但是各级地方政府对农业文化遗产挖掘与转化重视程度不一，政策支撑不同，工作力度各异，各地区发展不均衡。一些地方虽然率先获得了全国乃至全球重要农业文化遗产项目，但对项目优势的深度挖掘与转化还不够，品牌影响力还需进一步提升。有的地区拥有非常丰富且优质的农业文化遗产资源，比如浙江湖州的湖笔生产制作工艺、溇港农田水利系统和紫笋茶文化系统等，政府对这些资源尚未进行系统的梳理和整合，对有关产品的开发也相对滞后。

四、市场推广不足

农业文化遗产对大部分民众特别是农民来讲还是新鲜事物，他们普遍缺乏对农业文化遗产挖掘与转化的理性认知。一是宣传教育不够。对农业文化遗产管理主体的工作人员、企业、农民的教育培训不足，民众对农业文化遗产挖掘与转化的重要性认识不够。二是媒介功能发挥不够。本土主流媒体、新兴媒体对农业文化遗产关注度不高，缺少专题介绍或系统宣传农业文化遗产的栏目，对农业文化遗产缺乏连续性、科普性和广泛性的宣传。三是推广活动不多。有关农业文化遗产的宣传推广活动不多，缺乏吸引力和感召力，公众参与意识不强。

第四节　农业文化遗产深度挖掘与转化的对策与建议

农业文化遗产挖掘与转化工作是一项系统工程，不仅需要政府高度重视，政策配套支持，而且需要有关职能部门、公司企业、农民共同参与。要积极整合各种资源，打造农业文化遗产品牌，拓宽农业文化遗产挖掘与转化工作宣传渠道，加大市场推广力度，切实做好农业文化遗产的深度挖掘与转化，推动乡村振兴和农业农村经济可持续发展。

一、加强规划引领

要提高认识，树立“大农业”理念，把农业文化遗产挖掘与转化作为推动农业发展、乡村振兴的重要抓手。一是科学制定规划。成立并完善专门领导机构，制订符合农业文化遗产保护性开发的计划，辅以当地乡规民约、生产生活习俗，以保持生物多样性和文化多样性。要明确农业部门管理主体地位，学习借鉴国内外先进理念和经验，总结农业文化遗产挖掘与转化工作取得的成效。农林牧副渔等相关部门要深入调研，立足保护遗产做出有利于自然生态与人们生产社会活动相适应的规划。二是制定认定标准。依据农业部制定的《中国重要农业文化遗产认定标准》，结合地方农业文化遗产资源的分布、类型、保护性开发的现状等，编制各级《重要农业文化遗产认定标准》，逐步建立一套农业文化遗产的遴选标准。三是加强决策咨询。要尽快建立农业文化遗产专家委员会，协助政府做好农业文化遗产的标准研制、管理办法制定、项目评审、学术研讨等方面的工作，为农业文化遗产挖掘与转化的政策研究、咨询服务、技术指导、评审认定、学术交流等提供有力的智力支持。同时要加强学术研究，组织学术报告和论坛，举办形式新颖的学术活动，形成一批有价值的学术成果。

二、强化政策推进

一是管理协同。农业文化遗产的挖掘与转化，必须建立管理协同机制，确定农业文化遗产的主体管理职能和利益相关方，建立惠益共享机制，调动各管理主体和利益相关方保护农业文化遗产的积极性，提高管理效能，促进各利益相关方利益分配的公平性。二是制定政策。政府要出台相应的推进政策，建立包括促进项目区传统耕作技术、农耕文化保护等相关优惠政策和激励机制，制定项目区农业企业人员和农民常态化培训机制，建立完善的监督检查、定期报告和奖励惩罚制度等。各地要制定与地方农业文化遗产保护性开发利用相适应的管理方案，对农业文化遗产进行科学管理和评价。此外，要畅通投资渠道，鼓励各类资本进入农业文化遗产的挖掘与转化，形成政府、企业、农民共同投入的机制。三是统筹推进。要结合乡村振兴计划、乡村旅游、美丽乡村建设、乡村文化建设，形成政府、农民、企业、专家学者、媒体合力推进的良好氛围和格局，构建市、县（区）、乡（镇）、村（社区）多级联动及沟通协调机制；对获评全国乃至全球重要农业文化遗产的项目给予人、财、物等方面的支持，深挖项目优势，使之成为地方经济新的增长点；对各县（区）、乡（镇）计划申报高一级重要农业文化遗产的项目，加强对有关人员的培训和指导，给予资金扶持；对涉足农业文化遗产挖掘与转化的有关生态农业企业发放贴息或无息贷款，适度减免税收，进一步激发公司企业参与农业文化遗产挖掘与转化的积极性。

三、深化产品开发

农业文化遗产的深度挖掘与转化，必须深化相关产品开发。一是开发农旅综合体。要根据各地农业文化遗产的不同类型进行分类开发，坚持生态绿色环保理念，重点把农业文化遗产产品开发向商旅体验和生态旅游方向引导。鼓励和扶持一批生态农业企业投资集旅游、购物、休闲度假、体验乡村风情为一体的农旅综合体。比如对具有一定知名度的生态农业休闲度假山庄，加大扶持力度，支持扩大经营规模，进一步发挥引客、留客集聚效应，促进企业增效。二是开发旅游商品。旅游部门要主动承担旅游商品开发管理和指导职能，引导农旅企业结合实际开发具有地方特色的旅游商品和纪念品，带动当地旅游经济发展。比如湖笔是湖州的名片，厘清湖笔发展历程和历史脉络，丰富湖笔文化内涵，积极创造条件申请世界非物质文化遗产名录，主动瞄准全球重要农业文化遗产和全国重要农业文化遗产两个目标；引导一批传统老字号湖笔生产企业提炼文化，做精产品，开发一批高附加值的旅游商品，走出一条生产、销售、观光、体验融合发展道路，提高湖笔文化及其产品的衍生价值。三是开发农业旅游线路。生态旅游已成为当今民众竞相前往的稀缺资源，地方政府已经开发了一大批极具人气的农业旅游线路，但还远远不能满足社会需求，还要积极整合各地农业资源，大力开发农业特色旅游线路。比如湖州茶文化源远流长，大力整合湖州名茶资源，系统梳理莫干黄芽、顾渚紫笋、安吉白茶的种植、采摘、制作流程和工艺，规划名茶商旅体验游线路，让游客既能够观赏茶园美景和茶叶采摘过程，体验茶叶采摘及制作的乐趣，又能品鉴相关的茶产品，增加茶叶的经济附加值，促进农民增收。

四、实施品牌驱动

农业文化遗产的深度挖掘与转化必须着力打造一批农业文化遗产品牌。一要打造好国字号农业文化遗产品牌。要充分发挥现有的国家、全球重要农业文化遗产项目的示范引领作用。加强项目内农业产品、农业技术、农业文化等方面的品牌建设。比如可以将湖州桑基鱼塘系统内的淡水鱼、桑茶、叶、桑果、蚕茧美容保健产品、水果、大米、大豆、茶籽油、芝麻油等农产品打造成消费者可信赖的生态安全产品。二要融合发展一批新品牌。要打好"原生态"这张牌，提升旅游业与其他产业融合发展，统筹旅游开发、城镇发展和美丽乡村建设，构建和谐文明的社会环境，实现农业文化遗产地的动态保护和可持续发展。可结合现有旅游线路与农业生产系统的优势资源，合理开发农业文化遗产地旅游资源。具体包括生态文化观光、体验传统农耕农事活动、美丽乡村颐养度假、古村落观光考察等活动；依托当地独特的山水景观空间、森林资源优势，开展观光休闲、康养、度假、疗养等活动，扩大生态旅游、休闲度假品牌知名度。比如湖州拥有银杏、青梅、板栗、葡萄、水蜜桃、樱桃、猕猴桃等种类众多的特色经济林果，可着力打造以采摘、体验、旅游度假为主的农村特色经济林旅游度假品牌。

五、扩大市场推广

农业文化遗产的挖掘与转化工作亟须扩大市场推广，形成政府主导、职能部门和企业推动、社会全员参与的工作格局。一是要加强宣传教育，提升公众认知。要加强对业务主管单位人员的教育和培训，培养一批农业文化遗产的宣传队伍和业务骨干，以这支队伍为依托，深入到有关单位企业和农村中开展宣传教育。要在学习借鉴优秀纪录片的基础上，拍摄以农业文化遗产为题材的宣传片，扩大农业文化遗产知名度、美誉度，凝聚公众自觉加入农业文化遗产的挖掘与转化工作中。二是要用好各种媒介，加大宣传。要充分运用官方和非官方、线上与线下宣传平台，积极开设"农业文化遗产"专栏，建设农业文化遗产网站，使农业文化遗产的宣传推广常态化。三是大力开展宣传推广活动。定期举办宣传推广活动，将农耕文化、景观艺术、民族文化、饮食文化等非物质文化集中展示和传承，在表现农业文化遗产核心内容的同时，创造具有较强娱乐性、观赏性、参与性的节庆项目，提高社会各界的参与积极性。还可以举办一些农业文化遗产挖掘与转化成果展、农业文化遗产摄影等活动，提高公众的参与度，引导公众自觉参与到农业文化遗产的挖掘与转化。

第六章 福建重要农业文化遗产资源开发实践

第一节 福建松溪竹蔗栽培系统

福建松溪地处闽江上游建溪支流松溪河流域的源头,属闽西北区域。福建松溪竹蔗栽培系统起源于公元前202年左右的秦汉时期,至今已有2 200多年历史。当时,闽越国的先民们将野生甘蔗自然杂交的竹蔗移植到松溪河两岸冲积的火山岩质沙洲台地上进行人工栽培制作糖类,以满足日常生活需要,并且形成了独特土地利用系统与农业生态景观,具有典型的历史、经济、生态及文化特征。

一、河流两岸独特砂地利用与生态循环系统

闽越国在近海山区常遇台风暴雨,松溪两岸的砂质土壤易造成水土流失不利农作。先民们在这种条件下创造发明了一种独特的河流砂地的土地利用方式,且形成了一种蔗制糖产业系统。

在整个系统结构中,先民们先将野生竹蔗种植于松溪河沿岸河堤及砂地中,因竹蔗像竹子一样具有地下茎,随着地下茎及根系不断生长、交叉、相互连接,竹蔗在地下形成一个发达庞大的根系网络结构,从而加固了根际土壤,有效地控制了水土流失和松溪河岸稳定。

水土流失减少,使土壤层逐渐增厚,从而也促进了竹蔗与其他作物生长,竹蔗地面生长旺盛反过来又促进地下茎及根系生长,加固根际土壤能力更强,水土流失更少,松溪河岸及沙地更加稳定。

蔗杆制作糖后,蔗叶与杆渣还田,提高土壤肥力,从而形成了“河岸沙地植蔗、蔗根固土、土厚促蔗、蔗杆制糖、杆渣还田”的河流两岸独特沙地利用与生态循环系统。同时,甘蔗又具有高固碳作用。因此,竹蔗栽培系统不仅减少了福建闽江源头区域河流两岸的沙地的水土流失,而且也有效地提高了空气质

量，对提高闽江源头的生物多样性，保护生态环境发挥了重要作用。

二、珍贵的世界甘蔗种质资源

甘蔗为禾本科甘蔗属植物。目前，甘蔗属内的原始栽培种主要有热带种、中国种和印度种，竹蔗是中国种中的一个主要传统栽培甘蔗品种。

甘蔗生产多采用无性繁殖，即利用蔗茎作种。收获甘蔗后遗留在地里的蔗蔸含有较多的茎节和蔗芽，可在一定条件下萌发出土长成甘蔗。上季甘蔗砍收后，遗留在地下蔗蔸里的蔗茎上芽萌发出土后长成的新株称为宿根蔗。在生产上，由于宿根蔗栽培具有省种、省力、早熟、加速良种繁殖等优点，可有效地节约甘蔗种植生产成本。据统计，宿根蔗栽培可节约整地费10%、种蔗费3% ~ 6%、蔗苗费10% ~ 12%，共计节约23% ~ 28%。

因此，长期以来，甘蔗宿根栽培都是国内外甘蔗产区采用的一种重要的栽培方式。宿根蔗长势强弱、产量高低、栽培年限长短是评价一个甘蔗品种宿根性好坏的重要指标。据记载，目前我国大多甘蔗宿根栽培年限一般是2 ~ 3年。据记载，国外宿根栽培年限中，古巴25年、毛里求斯5 ~ 12年、夏威夷7年、西印度群岛地区5年等。

据历史资料记载，原产于松溪县郑墩镇万前村的竹蔗（百年蔗）种植于清朝雍正五年（公元1727年），是目前国内外唯一现存的且具有一定规模的竹蔗品种，其宿根栽培年限已达295年，是目前世界上蔗龄最长的宿根蔗，堪称世界第一蔗。

松溪竹蔗（百年蔗）与其他现有甘蔗栽培品种相比，最显著的特征是像竹子一样，有很粗壮的地下茎。通过地下茎不断地长出新蔗、新根，形成发达的根系，对防止松溪沿岩沙洲台地的水土流失、保护松溪与闽江水域生态环境发挥了重要作用。因此，松溪竹蔗（百年蔗）是我国乃至世界范围内最珍贵的甘蔗种质资源之一。

三、传统的竹蔗深耕破垅（畦）栽培技术

福建松溪竹蔗栽培系统中竹蔗宿根栽培仍然采用传统深耕破垅（畦）栽培技术。当气温已稳定在15℃以上时（约在清明前后），即行深耕破畦，破畦时，用锄头把蔗蔸四周的土壤扒开，深度达到蔗头以下。将挖出的土壤在甘蔗行间做成垅，并在垅上种植豆科作物。

与其他宿根蔗破畦相比，传统百年蔗深耕破垅（畦）更早、更深、更彻底。百年蔗破畦的时间比一般宿根蔗田要早3～5天，且一般地方破畦深度只挖到原蔗种的上部，而百年蔗破畦深度达到蔗头以下，因而破畦更早、更深、更彻底。深耕破垅（畦）的好处在于：一是切断部分表根及驻扎根，促进新根发展；二是既能促使土壤风化晒白，又能使蔗兜通气；三是容易把蔗头附近的地下害虫彻底除掉；四是促进在蔗兜基部的芽萌发生长。

四、悠久的制糖技术发展史

据记载，竹蔗栽培系统至少在秦朝就已经熟练掌握了利用野生竹蔗资源制作蔗糖并与牛乳混合制成石蜜的技术；在唐宋时期已能通过捣蒸方法制造出红糖、水糖、冰糖等不同糖类品种，即用水碓将竹蔗捣烂榨取汁，然后将汁放置烧开水上蒸，即用高温脱水法把糖水加工为固体糖。到了元代，用加树灰凝固代替高温脱水凝固，不仅克服了高温脱水凝固制糖无法除去糖中酸素、糖难以凝固等缺点，而且糖液加入碱性树灰后，酸性被中和，便会很快凝固。明清时期，用加石灰凝固替代加树灰凝固制作红糖，并将元代采用将甘蔗捣烂后加入灰改为加温提炼达到沸点后再加入灰，从而能迅速使糖液凝成板块。

同时，明清时期还发明了黄泥盖糖脱色法制作白糖，即取红糖再行烹炼，然后将鸡（鸭）蛋打入搅拌，使红糖中渣滓上浮，用铁笊篱撇取渣滓干净后，置瓷瓮中，至三月雨季时，用黄泥将瓷瓮封住，伏月剖封出糖，则糖水尽，其色加白，成白糖。如经过多轮重复，则白糖更为纯净。

明清时期，也用白糖来制作冰糖，即用白糖再煎，候视火色，加入姜汁，经过一宵，即成天然冰块。目前，竹蔗栽培系统松溪竹蔗（百年蔗）红糖、福建著名仙游冰糖、长泰黄冰糖等都使用的传统制糖技术，在国内市场上销路极好。

明末清初时，竹蔗栽培系统的种蔗制糖技术还传播到菲律宾、暹罗（泰国）、真腊（柬埔寨）、占城（越南）、三佛齐（印尼苏门答腊岛东部一带）、单马令（今马来半岛一带）等国。由于竹蔗栽培系统内大量蔗农向东南亚等国移民种蔗制糖及开展以糖为主的贸易。故竹蔗栽培系统对古代海上丝绸之路的形成也发挥了积极作用。此外，根据历史资料，在明清时期竹蔗栽培系统区域是国内最早使用蔗车的地方。蔗车工作的主要原理是用牛拉动两个并立的木制（石制）辊筒，将整根甘蔗直接放入辊筒间夹碾压，则蔗汁一次性榨出，且可以连续作业，大大提高了生产率。竹蔗栽培系统内蔗农还将松溪河水车与蔗车相结合，利用水车的自然动力带动石头辊筒转动，碾压蔗秆榨汁，使生产效率进一步提高。

加灰凝固制糖法和黄泥盖糖脱色法技术的发明，使用蔗车机械直接压榨蔗秆取汁取代将甘蔗秆剁成二寸长的小段放入水碓中进行人工捣烂榨取汁，这些新技术都极大地促进了种蔗制糖的发展，不仅提高了糖的质量，而且使我国制糖业逐步走向了工业化，在中国制糖史上具有重要划时代意义。

第二节 福建尤溪联合梯田系统

一、尤溪联合梯田农业多功能性的辨识

（一）自然条件

联合梯田是典型的低山丘陵地貌，联合梯田的土壤以东南梯田特有的紫壤为主，物质营养丰富，十分有利于农作物的生长。该地区属于亚热带季风性湿润气候，夏季高温多雨，冬季温和少雨，一年之中降水量分配不均，夏季最多，极易形成旱涝灾害。年平均降雨量在1 600毫米左右，年平均气温约19.2度，无霜期285天。尤溪县内溪流众多，水利资源较为丰富，流域面积贯穿整个梯田。联合梯田具有两大特色，一是珍贵的农业生产基地，具有利于农业生长的肥沃土地及丰沛的水利资源，并与地理条件的优势，共同塑造出农业的生产环境，产出多元且优良的农特产品；二是多样的生态，在无机的环境中，塑造出适合动植物栖息的多种形态空间，丰富生态资源的多样性，凭借优越的自然环境，联合梯田的农业发展具有较强的农业的基础。

（二）经济社会条件

联合梯田共有12家农业合作社，民宿与农家乐7个，2016年联合乡人均年纯收入6 346元，产生经济效益合计31 364万元，其中，农业种植收入占23.2%，外出人员务工收入占71.5%，畜牧饲养占5.3%。从占比来看，外出务工的收入占主要部分，农业种植的收入所占的比重较小，然而随着劳动力的流失，再加上随着灌溉系统损坏与适宜生产环境的丧失，已产生严重旱化、休耕与废耕现象。甚至因农业与产业环境的转变与城市化，许多梯田多转为城市

或其他产业用地，且有愈来愈零碎的现象。近几年来联合梯田通过举办特色旅游活动，实现农业向第二、三产业的转变，延长农业的产业链，增加农产品的附加值。地方上的组织健全，促使居民向上争取更多的地方计划，使地方的发展更加完善，同时居民更加有意识，积极展现当地的特色与活力，是一个生产环境优越、生态资源丰硕及生活文化独特的传统梯田农耕系统。

(三) 农业生产

联合梯田农耕文明具有悠久的发展历史，而农业作为当地经济活动不可缺少的一部分，在日常生活中占据主导地位。联合梯田内农产品的种植结构中主要以粮食作物、豆类、薯类和蔬菜水果为主。这几年来，联合乡人民政府贯彻落实中央一号文件，注重对农业的发展，同时与高校合作，打造联合特色"三宝"(有机种植绿色稻米、白晒花生、田埂黄豆)，在世代祖先辛勤的耕耘及政府政策的支援下，将原本的荒地逐步改良为现在的良田，成为土地肥沃、地界笔直、灌排设施完整的优良农地，是结合先天的优势条件与后天的技术改良，成为物理条件佳、生产力高的农作适宜地区，产出多样且质量佳的农特产品。同时加快对农业产业结构的调整，让种植业与畜牧水产业逐步成为当地的名优产业。

二、尤溪联合梯田农业多功能性的特点

联合梯田是一个典型的复合农业生态系统，是活态的农耕文明博物馆，梯田不但是联合农民与环境共存，也是东亚地区许多国家共同的田野景观与记忆。在耕作过程中，常因涵养水分实施季节性轮作或不同农作物交杂耕作，形成特殊文化地景与湿地形态。尤溪县有着"七山一水二分"的地理分布特色，其中农业人口占全县总人口的86%，森林覆盖面积占73.8%，农田是该区域的重要组成部分，而联合梯田又是农业种植分布最为密集的区域，因此对联合梯田的农业多功能价值进行评估颇为重要。根据当地区域特点，较为突出的特点如下。

(一) 劳动力的濒危性

在全球化的竞争压力下，迫使传统的农业发展模式、农村结构发生变动，农村人口离村离农发展，使得农村成为缺乏竞争力的边陲地带，而农业是国家发展的根本，是农村发展的经济源头，必须让产业留住或吸引人力回流，促进

地方经济,以支持乡村地区永续性的发展。调查统计,联合乡60岁及以上的人口达到16.3%,比全国的老龄水平还要高。当前梯田耕种劳动强度大、种植收益低,青年一代的劳动者大多数外出务工,仅剩下一批60岁以上的劳动力。随着老一辈的年龄日益增大,一些传统的农业手工技艺得不到传承,年轻一辈不愿意去学习,导致了农业文化遗产地面临着劳动力濒危的问题。

(二) 农副产品特色不足

尤溪联合梯田的开发目前尚处于初级阶段,其资金投入较少,技术水平较低,公共基础设施还不完善,农业产业化底子薄弱,农业产业规模小,主要以小农经济为主,产品的组合体系混乱,布局分散,功能单一,缺乏高端的独具特色的农产品。

(三) 文化传承景观功能较为凸显

联合梯田作为发现海西之美十佳景点之一、全国五大魅力梯田之一,是福建省最美的梯田以及福建省摄影创作基地。在旱地与水田的交替耕作下,不仅生产多样化的地方作物,同时加上灌丛带的耐种植,克服先天气候条件下所带来的劣势环境,利用土地的多元化,创造出有层次的无机环境,创造出多元化的农产品环境,进而丰富农村的地景美感。联合梯田四周被崇山峻岭环绕、景色壮美、规模宏大、气势磅礴,颇具地方特色,是福建一大拥有丰富旅游资源的自然景观。联合梯田所有的梯田都修筑在山坡上,梯田成片,大至数亩、小至毫厘。梯田的坡度在15°~75°之间,一座山坡上梯田的最高级数甚至能达到上千级。联合梯田借用农业文化遗产的这一招牌,将梯田与美丽乡村的建设结合在一起,保持原有的滋味打造出了别具一格的梯田—森林—村寨—水系农耕文化特色吸引了广大的旅游摄影爱好者。

三、尤溪联合梯田农业多功能价值评估理论框架的构建

(一) 联合梯田农业多功能价值构成

1.基础性价值

所谓基础性价值是指人们在日常生活中必备的,可以用货币直接量化的一种价值。传统上,排在农业生产第一位的是经济价值,在农业生产的过程中同时也蕴含着生态价值,这里将生态功能换一个说法,即净化与保护价值,它们包括净化环境价值、固碳释氧价值、涵养水源价值、营养物质循环价值这四

个方面,此类价值可以在日常生活中运用经济学的方法计算,也是农业生产活动中基础性的价值。

2.衍生性价值

所谓衍生性价值是在基础性价值上经过农业经营活动的生产与替换衍生而来的。它包括遗传价值和存在价值。遗产价值是指人们愿意为后代将来也能够利用生态系统服务功能的支付意愿。通常是指目前没有实现的那些服务价值。存在价值指人们为确保能够继续享受生态系统服务功能继续存在的支付意愿,是生态系统及其服务本身具有的不能为人类所利用的内在价值。农业多功能性除了强调农业的生产活动带来的直接经济价值,还可以发挥农业生产以外的功能,特别是文化承传或景观维护的附加功能,形成优美自然景观或促进农村文化传承等功能,逐步形成衍生性价值,本文将这类无法直接用经济学计算的价值统称为衍生性价值。

(二) 联合梯田农业多功能价值评估理论框架

依据前面提及的联合梯田劳动力的濒危性、农副产品特色不足、文化传承景观功能较为凸显这三大特点,在构建评价理论框架时,要注意以下几个方面。

首先,联合梯田农耕文明具有悠久的发展历史,而农业作为当地经济活动不可缺少的一部分,在日常生活中占据主导地位。联合梯田内农产品的种植结构中主要以粮食作物、豆类、薯类和蔬菜水果为主。

其次,农业产业发展自身存在的生态基础脆弱。一是梯田多位于山坡地或沿海等边陲地区,常因交通可及性或生产效能低落,而更容易丧失原有耕作功能。二是自然灾害等因素,联合梯田属于亚热带季风气候,同时位于福建的沿海地区,洪涝、台风等的影响会破坏原有的自然环境。三是人为因素,面对利益的追逐,一方面为了增加农作物的产量导致过度使用化肥农药,破坏原有的生态环境;另一方面,退耕的现象日益严重,很多农田荒废,他们认为劳作的付出得不到相应的经济收入,城镇化的进程也是让原有的耕地变成生活用地的部分原因。

最后,根据联合梯田山地丘陵地貌这一特点,成片梯田观光农业是该地区农业发展的必然选择,联合梯田的乡村旅游产品经过近十年的发展,在原来的基础上已经取得了巨大进步。农业景观是由大自然与人类文明共同创造的一种农业文化景观,包括利用土地进行农业活动而产生的农田耕作方式、土地利用类型以及农村中的传统建筑形式等。农业文化景观研究目前通常与农村旅游价值联系在一起,它的生命周期处于成长期,随着人们对休闲娱乐要求的增加,四季不同的梯田风光为人们提供精神上的愉悦,即为农业多功能的衍生功能。

四、尤溪联合梯田农业多功能价值评估指标的选择

(一) 农业多功能价值评估指标构建的原则与方法

联合梯田和传统的稻田生态系统还是存在很大区别,是集经济功能、生态功能、文化传承功能、遗产价值、旅游观光、休闲娱乐、为一体的农业文化遗产地。在功能多样化的前提下,选取联合梯田价值的评价指标要根据当地的现状,满足人们不断变化的需求,抓住侧重点,从不同角度进行评估构建具有联合特色的指标体系,避免在评估中出现过大的差异,保证指标的科学性。

1.指标构建的原则

我国是一个以农业为基础的国家,由于地域差异及作物栽培技术不同,形成丰富多样的农业多功能价值,所以在进行评估指标筛选时,需因地制宜,考虑不同区域农田生产条件及管理水平,结合评估对象的结构、地貌、资源及特征,按照以下三个原则选取指标。①全面性与重要性相结合原则。综合考虑联合梯田具有的农业三大主要功能的内涵与表现方式,以及主要农作物选取。②可行性与相关性原则。所评价的指标与评价属性存在相关性。③可操作性原则。结合数据可获得难易程度,通过选取作用大、影响因子强的要素为指标。依据以上原则分别从农业的经济功能、保育功能和净化功能三个方面建立评价指标体系,选定最为重要的功能进行联合梯田农业多功能的经济价值量化。

2.指标评估的方法

农业的种植作物繁多,它所隐藏的功能也不易被发现,需结合评估对象,按照指标可获得性原则,例如采用市场定价法、成本代替法和碳税法等评估可以直接获得经济价值。像无法计算遗产价值和存在价值等衍生性功能则需要依据前人的研究方法进行评估。

(二) 农业多功能价值评估指标对象

联合梯田主要以种植业、果园为主,包括粮食作物(如谷物、薯类、大豆等)、经济作物、蔬菜瓜果。根据调查统计可知,2016年整个联合乡稳定播种

粮食面积193公顷,联合梯田播种粮食930公顷,其中谷物类的播种面积有462公顷,薯类的播种面积有142公顷,豆类的播种面积有73公顷,蔬菜瓜果的播种面积有82公顷,其他作物播种面积有171公顷。这四种农作物的播种面积占整个联合梯田的81%。从前人研究数据可知,这四种农作物的经济产量和播种面积在联合梯田的经济收入占大部分比重。因此,可以将谷物、薯类、大豆、蔬菜瓜果四种作物的播种面积和产量作为基础性价值的评估对象。

五、尤溪联合梯田农业多功能价值评估指标的过程及结果

(一)农业多功能基础性价值评估

基础性价值,是指人们在日常生活中必备的,可以用货币直接量化的一种价值。一般来说,排在农业生产第一位的是经济价值,在农业生产的过程中同时也蕴含着生态价值,这里将生态功能换另一个说法,即净化与保护价值,它们包括净化环境价值、固碳释氧价值、涵养水源价值、营养物质循环价值这四个方面,此类价值可以在日常生活中运用经济学的方法计算,也是农业生产活动中的基础性价值。联合梯田主要有生产、净化、保育三大主要功能。

1.生产功能

联合梯田的主要农产品有粮食作物、经济作物和蔬菜瓜果的种植,农业的粮食的生产是农业多功能最基础的功能。联合梯田的农作物以南方典型的农作物稻谷种植为主,经济作物主要以薯类、豆类、蔬菜瓜果为主。以农产品2020年的市场价格为基础,估算联合梯田农产品生产的经济价值。计算得到,稻谷的农产品总经济价值为5 728 800元;薯类的农产品总经济价值为2 724 128元;豆类的农产品总经济价值为1 222 983元;蔬菜瓜果类的农产品总经济价值为25 270 350元。因此,联合梯田农产品生产直接经济价值为34 946 261元。

2.净化功能

(1)净化环境

由于农产品净化大气的计算较为复杂,笔者采用前人研究中的关于农田单位面积净化各种污染物的具体参数,取其水浇地和旱地对污染物净化的均值作为本研究的计算依据,把农田对各类污染物净化的平均值作为本研究的前提进行计算。最后计算得出尤溪联合梯田净化环境价值总计26 393 028元。

(2)固碳制氧价值

评估固碳释氧功能,要考虑农作物在不同生长期对气候的调节作用,农作物可以利用呼吸作用与光合作用,与大气交换互相调节维持生态系统的动态平衡。一方面通过光合作用释放氧气,将太阳能转化为农产品储存在自身组织中。另一方面,与大气相融合,促进空气清新。计算各作物固碳释氧价值,得到联合梯田固碳制氧的价值为2 471 440元。

3.保育功能

(1)涵养水源

农田可通过农作物截留水和土壤持水来保持降雨过程中的一部分水分,从而减少径流,起到涵养水源的作用。以2020年我国农业用水的平均市场价格0.06元/m^3作为基础。最后计算得到涵养水源价值33 480 000元。

(2)营养物质循环

由于农作物的枯萎落叶较少,笔者从生物学的角度考虑营养物质滞留在农田带来的物质循环。因此,笔者利用联合梯田各类常见作物的净初级生产力,分析其所需营养元素N、P、K的含量,估算各类型作物N、P、K的累积量,同时考虑作物收获指数(未收获部分才能体现其循环功能),在此评价农田生态系统维持营养物质循环的价值。最后以2020年市场化肥价格为基础计算得出,各类型作物N、P、K的累积量节省化肥总价值为53 832 250元。

(二)评估结果及分析

笔者对联合梯田的生产功能、净化功能和保育功能三大基础性价值进行评估,其评估结果如下:①总体来看是有巨大的经济价值。②保育功能是联合梯田基础性价值的主导功能。农业文化遗产的梯田与普通农田存在很大差异,联合梯田成大规模分布,以梯田-森林-村寨梯田-水系涵养水源功能突出,营养物质得到充分循环。如今,联合梯田的保育功能日渐突出,逐渐取代了农业的生产功能,作为一种生态环境保护的功能,我们要注重水田资源的保持它对防止在洪涝灾害具有重要作用。③联合梯田农田作物的经济价值同样也不可忽视,在满足人们日常生活基本的粮食保障扮演者重要的角色。④净化功能是联合梯田农业多功能基础性重要功能。

第三节　福建福鼎白茶文化系统

一、福鼎白茶产业发展现状

(一) 产业规模壮大

福鼎白茶产量在逐年递增，表现出良好的发展态势，这得益于近几年福鼎市政府施行白茶产业标准化生产管理，推动绿色生态茶园建设。在筛选茶种方面下足了功夫，淘汰不达标的品种，重新筛选茶园种植晶种，并对原有品种改良，通过对茶园科学合理的管理模式，使茶种优化率高于95%。截至2017年，福鼎茶园面积将近1.4万公顷，其中45%以上的茶园面积分配给福鼎当地的企业进行运营，其余茶园用地承包给当地个体户。笔者对茶园种植面积和白茶产量分别进行排序，可以看出磻溪镇、白琳镇、点头镇是茶叶种植面积和白茶产量的大镇，这三个镇每年贡献的白茶产量占到福鼎全市白茶产量的60%以上。

随着福鼎白茶产量的提高，福鼎白茶的产值也水涨船高。据统计资料显示，2015年涉及福鼎白茶的产值约18亿元，2016年超过35亿元，2017年福鼎茶叶总产量达2.46万吨，涉茶总值近46亿元。福鼎市与茶叶相关的从业人员约有40万，占到全市人口的66%以上。福鼎白茶的产值增速如此迅猛，反映了白茶产业在群众知名度、生产加工质量控制和市场供需关系都处于稳步提升的阶段。

(二) 白茶市场发展迅速

茶叶与可可、咖啡是世界三大无酒精饮料，由于茶叶具备另外二者不具有的养生、医疗、保健功能，并且人们日益重视饮食健康，所以包括福鼎白茶产业在内的茶产业在国内外市场都呈现良好发展态势。福鼎白茶的传统销售模式以外销为主，白茶行业内俗称“墙内花开墙外香”，但随着近些年福鼎白茶产业在国内普及度和市场认可度提高，使得福鼎白茶在国内发展格局焕然一新，现在的销售模式已经转变成内销和外销并头发展，并且呈现内销比重不断增加的趋势。全市近年来建立品牌连锁经营店、茶叶批发市场、茶青交易市场，两处大的茶叶批发市场位于点头镇和桐山街道,二者位于福鼎白茶种植和生产的大区。因为市场对福鼎白茶的好感度升温,越来越多来自全国各地的茶商选择在采摘时节前往当地大批量收购茶青,根据茶叶交易市场的从业人员反馈,当地每年茶叶交易量超过6 000吨,成交额也在逐年攀升。

同时,在当前产业融合的大背景下,将服务业融入一、二产业的电商模式也成为福鼎白茶流通市场的新亮点。根据数据统计,2015年福鼎市共有40家从事茶叶交易的电子商务贸易公司,当年完成销售业绩超过6 000万元。在淘宝双十一狂欢购物节当日,福鼎白茶商城营业流水额度达到500多万元。2016年福鼎白茶电商群体继续保持产业竞争力,电商平台发布的数据显示,在淘宝双十一购物节当日,白茶在茶叶类产品交易中占据2.37%的份额,同往年相比增长16.2%,从销售额单价角度出发,较2015年的白茶客单价275.48元上涨23.2%,仅次于常年位居榜首的普洱茶。而客单价较高的流量集中在品牌知名度高、市场口碑佳的福鼎白茶驰名企业。福鼎白茶市场的提速发展改变了传统的产业链,由以往栽培、采摘、加工、销售于一体的家庭作坊,渐渐演变成产业分工明确、专业化程度高的组织,福鼎白茶产业模式的创新带来了巨大的市场商机。

(三) 品牌意识渐长

多数消费者在购买茶产品时,优先考虑因素是品牌知名度,而每种茶产品的产地具有独特的地域符号、得天独厚的自然条件、独一无二的历史文化,因此福鼎市人民政府重点围绕福鼎白茶的内涵,实施品牌振兴战略。从战略初期就明确"世界白茶在中国,中国白茶在福鼎"的定位,积极开展福鼎白茶品牌推广活动,充分挖掘与利用福鼎白茶文化价值。例如2016年发起福鼎白茶全国摄影大赛,举办福鼎七月七白茶文化节;2017年进行第六届福鼎白茶开茶节,并参与国内各大茶主题展销博览会,通过以上形式的活动对福鼎白茶产业进行品牌塑造。

在向市场介绍福鼎白茶品牌的同时,福鼎市的政府和茶企都在主动申请品牌相关的地理标志和驰名认证商标证明。截至2018年,福鼎白茶先后获得"中国驰名商标""国家级非物质文化遗产""中国地理标志保护产品"等荣誉称号。从企业建立品牌的角度出发,福鼎白茶拥有中国百强企业9家,福建省龙头企业10家,宁德市著名商品21个,320家QS(SC)许可证企业。福鼎白茶的品牌之路越走越成功，随之带来的就是品牌经济效益，确保福鼎白茶产业的稳步发展。

(四) 政府支持开辟发展道路

福鼎白茶产业的经济收入占全市经济收入比重较大。因此，近10年来政府在增强政策倾斜力度、金融专项补助、建立高科技茶叶基地、培养龙头茶企、优化品牌形象等多方面更进一步推进福鼎白茶产业的发展。

从政策倾斜角度出发，福鼎每年都有帮助白茶产业成长的若干政策意见。在金融补助方面，当地政府每年固定财政拨款超过500万元，用于茶园建设、茶种改良、完善茶叶基地基础设施、建立茶叶质量监控体系，给白茶产业保驾护航，把控白茶的质量关。除了在资金方面扶持，在壮大福鼎白茶龙头企业方面，政府也是狠下功夫。对当前茶产业扶持情况进行评估，在充分听取茶领域发展专家、当地龙头企业负责人以及社会各界人士意见的基础上，对现有的茶产业补助体系进行资源整合。淘汰部分不具有创新能力、带动能力不强、受众面不广的小作坊、小公司，将重心转移到前景光明的潜在龙头企业，解决这些企业融资困难、设备迭代不及时、生产驱动革新能力较弱的问题。同时，全市鼓励建设高水平国家级科技企业、国家级茶研究基地、国家级茶工程发明专利、省级重点茶实验室，并给予技术认证，含金量越高，财政奖励越丰厚的政策补贴。最后，树立地区品牌和企业品牌协同发展的战略，健全品牌营销策略，积极通过现代媒体介绍白茶产业的历史文化和内涵魅力，打造独具一格的福鼎白茶品牌形象。

(五) 重视茶产地的自然保护

高品质的白茶离不开气候宜佳、季节交替、水分充足、海拔高度差明显的自然气候。而福鼎处于福建省的东北部沿海，四周三山一海，地区边界凹凸分明，生成“U”字形的独特地理特征。天时地利的自然禀赋和不断改良的茶叶品种结构为福鼎白茶品质打下扎实基础。正因为如此，对福鼎白茶产地的生态环境保护是实现茶产业融合发展的前提条件。从2007年开始，福鼎市设立福鼎白茶的自然保护区，在区内聘请茶学专业人员进行晶种杂交实验，以期得到亩产更高和茶质更优的新茶种。同时，组织调研人员走访市内各个茶产区，认真筛选茶树保护地，以责任制的保护施行方式，确保一人一地一责。另外的保护举措是创建以无公害绿色为主题的生态茶园和白茶生态基地，认真落实清理农药接触过的茶叶、土壤、水域，调节每个茶园内的微生态气候，增强茶种防治病虫害的能力，有利于提高白茶的品质、产量、回报率。

在近年强调茶旅协同发展的新形势下，消费者对旅游业的高标准要求也促进了白茶产地自然资源的保护网。旅游业追求经济效益，茶产业追求生态效益，通过茶产业和旅游业融为一体的途径，有效缓解经济发展和环境保护相冲突的现象，形成以旅游业促进茶产地保护建设，而茶产业又反哺于旅游业的双赢合作。

二、福鼎白茶产业发展存在的问题

人们提到白茶，首先想到的就是福鼎白茶的芳香和健康。传统福鼎白茶销售模式以外销为主，内销为辅。茶企、茶商、茶农追求经济效益最大化，选择档次高的茶产品以高价出口到世界各地，中低档的茶商品留给国内市场慢慢消化，有时甚至出现滞销的情况，导致福鼎白茶在国内茶叶市场增长缓慢，市场占有率远不及其他同类茶产品。因此，笔者从多方面视角分析阻碍福鼎白茶产业向前发展的因素。

（一）制茶工艺种类单一，无法满足市场需求

目前市场上福鼎白茶仅有白毫银针、白牡丹、寿眉、新工艺白茶四种茶型。其中白毫银针始于19世纪末的工艺，运用较高温度烘干、翻动的方法完成制茶，白毫银针直到现在依然采用这种方式。白牡丹的制作工艺基本和寿眉相近，二者的工艺与白毫银针无明显区别，新工艺白茶也存在这样的问题。根据资料记载，1968年，为了迎合香港和澳门的品茶客口味需要，制茶者创新性的使用很小的力气揉捻已经完成萎凋的低发酵茶叶，革新后的茶叶受到市场的一致好评。虽然揉捻是新工艺白茶区别其他白茶的独特手法，但使用此方法制作新工艺白茶也有50多年的历史，此后虽有从事白茶研究的专业人士尝试发明新的制茶加工方式，但茶农和茶公司企业普遍选择保持几十年的加工方式。由此可见，福鼎白茶制茶技术发展过于保守，倾向于稳中求安，造成现存仅有的茶叶做工方法，无法满足茶叶市场日益见长的创新需求。

（二）茶企研发力度不足，难以突破技术瓶颈

福鼎白茶产品的技术含金量决定了产业未来的发展潜力，企业是一个产业的重要组成部分，所谓技术含金量即科技价值，指的是在掌握现代先进技术

的基础上，敏锐洞察市场需求，使技术变现发挥价值转化成产业经济效益。对于福鼎白茶产业而言，龙头企业的科研能力反映整个产业的技术精深程度。在全市10家省级龙头企业之中，建成专业研究开发茶产业的组织机构仅有4家，投入科研费用占全年销售额5%的公司有6家，说明在打造高科技茶产业价值方面，福鼎市茶企较保守以及缺乏对研发力量的重视，导致未能有效地在福鼎白茶产业内起到模范带头作用，致使行业整体研发热情度不高。

因为福鼎市白茶产业总体的收入和研究开发投入比重不高，当茶企在生产和加工过程当中面对技术难题时，无法及时排除问题时，对企业日常运行造成影响，耽误业务进度，间接造成经济亏损。例如笔者在调研福鼎白茶的白牡丹时观察到，由于其自身体积较大且形状不均匀，所以企业在打包白牡丹时往往浪费包装空间，0.9米×0.9米的收纳箱只能装下小于10千克的茶饼，造成物流运输成本高昂，挤压企业的利润空间。同时，因为企业经营模式比较粗犷，流水资金有限，研发投入产出比不高，存在设计开发失败的风险，这类小问题在白茶产业内比比皆是。虽然从事白茶工作的业内人士都察觉到市场对于传统茶产品的关注热度已经降温，但是多数茶企还是着眼于当前利益，没有长远的发展定位。不转变发展思路而求稳定，未能及时针对茶市场发生的需求变化做出迅速调整，例如消费者对茶的外观、味道、营养价值、用途方面的需求，随着市场变化需求也会随之改变，但企业未做出创新。

(三) 生产加工设备陈旧，限制产品规模壮大

福鼎白茶企业仍然使用传统的制茶加工设备，多数机器已达到使用年限，制茶机自动化程度不高，机械运转连续性能力较弱。由于白茶具有特殊的加工要求，所以目前多数使用半人力、半自动化的形式。白茶在加工时首先要萎凋，行业广泛选择竹子做的特质萎凋床，这种萎凋床的集约化程度较低，更适合于小作坊或对手工制茶有要求的情况。虽然制作出的茶叶品质有保证，但是从规模化生产的角度出发，因为没有统一的产品质量检测标准，所以抑制茶效率上升，加上昂贵的人力成本，进一步压榨白茶产品的毛利润。

目前我国白茶制作的配套设施较少，投入开发补助费用较低，全市茶企暂无专业进行白茶机械全自动生产加工的制造企业。考虑到企业的利润率，为了尽可能地开源节流，未把大量资金用于制茶设备研发设计。最后考虑到绿色生态环保，茶企认为使用传统设备，机器制作材料源于自然，对于加工出的茶产品而言，也会更健康和接地气，所以这种不合理的观念也延缓了福鼎白茶工业化改革进程。

(四) 从业人员分散，不利合作分工

据资料统计显示，福鼎目前建成茶园面积超过12 767公顷，其中超过69%是农村个体户承包，茶农数量约为16 000人，分布在全市16个乡镇，并且茶园经营面积大于1公顷的仅仅占21%，个体户人均经营茶园用地面积不到0.1公顷。从事种植茶叶的人员布局十分稀散，不利于以组织机构的形式对种茶人员进行管理和培训，错失普及优秀茶苗栽培、接受新农业技术推广的机会。因为个体户的受教育机会不多，专业化水平较弱，使得多数茶农形成来自生产、加工、销售多方压力的被动局面。

出现这种现象的关键因素是我国从1980年开始实施土地改革制度，当时推行家庭联产责任承包制，每位农户只能得到土地的使用权，未得到土地拥有权，因此造成农村可用耕地无法正常流通，农民长期守护一亩三分地，若有部分农村人口希望扩大生产经营面积，需要同其他茶农沟通，并且协商成本代价高，协议约束框架复杂，最终导致无人问津，从客观上限制了产茶大户的产生。

第四节 福建安溪铁观音茶文化系统

一、福建安溪铁观音茶文化系统保护现状

(一) 遗产地概况

我国福建省泉州市安溪县是福建安溪铁观音茶文化系统的遗产所在地，为实现更加有效的保护，遗产地划分成核心区和缓冲区2个部分，即核心区以铁观音茶品种、传统种植方式、传统制茶工艺和相关文化作为主要内容，尽可能地按照传统的方式进行保护和传承；缓冲区除保护传统茶树品种、茶种植和制茶技术和传统茶文化外，还遵循动态保护管理原则适当吸收现代技术。安溪县地处福建省东南部，位于戴云山脉东南坡，晋江西溪上游，界于117°36′～118°17′E，24°50′～25°26′N。土壤以红壤、黄壤和赤红壤为主，地势由西北向东南倾斜，地形以山地、丘陵为主，约占全县土地总面积的85%。气候为亚热

带海洋性季风气候，四季常青，春末夏初，雨热同步，年平均气温16℃～21℃，年平均降水量1 782.4毫米，秋冬两季，光湿互补，年平均日照1 943.5小时，年平均相对湿度78.5%，全年无霜期260天，非常适宜茶树生长，是国家级茶树良种铁观音、本山、黄旦、梅占、毛蟹和大叶乌龙的发源地，拥有丰富的茶树种质资源。

2018年安溪县茶园总面积达到4万公顷，其中铁观音茶园面积2.7万公顷，占全县茶园总面积的67.5%。在安溪县，铁观音广泛分布于安溪县现辖行政区域中的24个乡镇。其中，芦田镇、西坪镇和虎邱镇是铁观音的相对集中种植区，也是目前传统种植方法的主要分布区，这3个镇为核心区，2018年茶园面积分别为0.19万公顷、0.41万公顷和0.40万公顷，其他21个乡镇为缓冲区。

(二) 经济与社会价值

改革开放后，安溪铁观音茶叶成为中国第一个快速崛起的茶叶品类。21世纪以来，茶产业已经成为安溪县的支柱产业，安溪县茶产业的多项指标都连续多年位居全国重点产茶县第一，包括茶园总面积、茶叶年产量和涉茶总产值等指标，尤其是在茶产业从业人员、茶产业受益人口和农民来自茶叶中的收入比例的指标上。依靠茶产业的发展，安溪县从福建省最大的“国定贫困县”转变为“全国百强县”。以2018年为例，从茶园总面积、茶叶年产量和涉茶总产值来看，全县茶园总面积4万公顷，约占全国茶园总面积的2%，茶叶产量6.7万吨，涉茶总产值175亿元；从茶产业从业人员和茶产业受益人口来看，在全县人口中，50多万人以茶为生，35万劳动力从事与茶相关的行业，80多万人受益于茶产业；特别是从农民来自茶叶中的收入比例来看，安溪县26万农户中，从事茶叶种植、加工的农户约20万，多年来农民来自茶产业的收入都占其人均纯收入中一半以上，尤其是对于以茶为生的农民，茶产业收入的占比至少为90%。因此，福建安溪铁观音茶文化系统保护对于促进遗产地经济社会发展、带动遗产地农民就业增收意义重大，而且遗产保护在农户生计当中的重要性在众多农业文化遗产地中尤为突出。

(三) 主要保护对象

农业文化遗产的保护必须遵循整体保护原则，将农业文化遗产的保护作为一个系统工程来看，其保护的对象比较广泛，既包括农作物品种资源、传统农业生产工具等物质性部分，也包括传统农耕技术与经验、民俗文化、相关表演艺术等非物质性部分。福建安溪铁观音茶文化系统的保护对象主要分为茶树种质资源、茶园生态种植知识与技术、铁观音制作技艺和茶文化活动。

1.茶树种质资源

得益于独特的地理位置和自然条件等，安溪县被誉为“茶树良种宝库”，境内分布着丰富的茶树品种资源，现有茶树品种100多个。特别地，在1984年，安溪县的铁观音、黄旦、本山、毛蟹、梅占和大叶乌龙6个品种进入国家级茶树良种名单。目前，铁观音、本山的发源地—西坪镇的茶树种质资源，主要分布在松岩村、尧山村和南岩村；黄旦的发源地—虎邱镇的茶树种质资源，主要分布在罗岩村和美庄村；梅占的发源—芦田镇的茶树种质资源，主要分布在芦田村、三洋村和福岭村。

2.茶园生态种植知识与技术

安溪县拥有上千年的种茶历史，当地茶农在长期生产实践中，形成并传承了有利于当地生态环境保护的各种茶园生态种植知识与技术。例如，茶园管理知识、茶园生态种植技术等。目前当地茶农仍然在使用并得到政府推广的茶园生态种植技术主要有茶园合理种树、茶树适当留高、梯壁种草留草和套种绿肥等。

3.铁观音制作技艺

安溪县是铁观音茶的发源地，铁观音的制茶工艺属于半发酵，非常独特，是安溪县茶农根据当地情况发明出来的。因此，铁观音制作技艺是安溪茶农长期生产经验和劳动智慧的结晶。2008年，铁观音制作技艺被列为国家级非物质遗产文化遗产。此外，在福建省、泉州市和安溪县的非物质文化遗产名录中，铁观音制作技艺也位列其中。

4.茶文化活动

“安溪铁观音茶文化”作为世界茶文化的典型代表，当地与茶相关的文化非常丰富，拥有开茶节、民间斗茶、茶王赛、茶俗、茶艺和师徒传承文化等一套完整的茶文化体系。具体来说，当地每年在春秋季采茶之前，都会举办祈求丰收等的开茶节活动，在春秋茶采收之后，至少举办2次评比茶叶质量等的茶王赛，并给予相应的物质或精神奖励，这些活动提高了茶农、茶企种茶、管茶、制茶的积极性。

(四) 保护与发展政策措施

第一，加大茶树种质资源保护力度。安溪县在全县范围内开展野生古茶树种质资源普查，对100年以上的野生古茶树建档挂牌保护，明确保护责任人及其权力和任务；对野生古茶树进行定期管理和维护，引导茶农对古茶树进行合理采摘，同时严惩破坏古茶树的行为。

第二，加强茶农茶园生态种植知识与技术培训。实施茶业万人培训工程，围绕茶园土壤改良、生态茶园建设、茶文化宣传等内容对茶农进行培训，年轮训茶农、茶商2万人次以上。

第三，完善铁观音制作技艺传承机制。加大铁观音制作技艺作为非物质文化遗产的保护力度，持续开展传承人的认定和管理，在政策上提高补助力度，不断扶持民间兴办铁观音制作技艺传习所，传习所则通过师徒传承模式进行传承。据2019年统计，安溪县共有铁观音制作技艺非物质文化遗产代表性传承人国家级2人、省级9人、市级21人和县级38人，共有铁观音制作技艺传习所市级4所、县级33所，包括2019年新成立的安溪铁观音女茶师非遗传习所等。

第四，持续开展茶文化活动。在全县范围内持续开展开茶节、茶王赛、安溪铁观音大师赛等茶文化活动，进一步提升茶文化活动的质量和影响力。其中，自2017年起，安溪县每年举办一届安溪铁观音大师赛的活动，通过该项赛事，选拔出大师和名匠，并分别奖励安溪铁观音大师每人100万元和安溪铁观音名匠每人5万元的工作研究经费，到2020年共成功举办四届并选拔出8名大师和32位名匠。

(五) 威胁与挑战

第一，相关保护主体对中国/全球重要农业文化遗产的认知水平有待提高。2014年，福建安溪铁观音茶文化系统被农业部认定为中国重要农业文化遗产，并于2019年进入全球重要农业文化遗产预备名单。然而，据实地访谈和问卷调查，部分民众尚不清楚福建安溪铁观音茶文化系统是中国重要农业文化遗产，相关管理部门对中国/全球重要农业文化遗产的概念、内涵和保护要求尚不清晰，这导致一些茶产业的发展政策与措施与遗产保护要求不相适应。梁晶璇等研究显示，以茶叶生产利用程度为主要内容的产业发展对安溪铁观音农业文化遗产的活态保护产生了不利影响，即趋于工业化、标准化制作的茶产业快速发展，会导致铁观音茶产品生产单一化，从而阻碍了茶叶文化遗产的多元性、传承性等。

第二，年轻劳动力外流，传统茶种植及茶叶制作知识与技术传承困难。安溪铁观音种植在山坡梯田上，茶种植的各个环节（如育苗、移栽、施肥等）仍然主要依靠人力完成，工作辛苦，农村年轻劳动力都不太愿意从事茶种植业。据调查，目前农村35岁以下的年轻人基本不会茶种植技术，他们往往更愿意选择茶叶销售或直接进城务工等工作；农村50岁以上的劳动力主要在从事茶树种植、茶园管理和茶叶初制等，这些活动对于他们来说往往劳动强度较大，甚至70多岁的老人还在进行茶树种植和管理活动。随着年轻劳动力逐渐外流，传统知识和技术（如茶园管理知识、茶园生态种植技术、铁观音制作技艺等）得不到有效的传承，因为这些知识和技术需要在长期的实践中不断学习和锻炼才能掌握。此外，近些年随着消费习惯的变化以及其他茶类的竞相发展，安溪铁观音茶市场行情有所下滑，茶种植利润偏低，许多中年人也不愿意从事茶叶种植，导致当地出现"年轻人不会种茶，中年人不想种茶"的现状。

二、农户对安溪铁观音茶文化系统的认知和保护

农户基本特征分为4个方面，即受访者特征、家庭特征、茶园资源特征和村庄特征。

第一，受访者特征有性别、年龄和受教育程度。考虑到在农户家庭中，男性是农业生产的主要决策者和比较了解农业种植投入产出情况，因此受访者大多数是男性，比例为92.3%；年龄在46岁到65岁的受访者最多，占比61.8%；大多数农户的受教育程度是初中，其比例为54.1%，只有20.6%的农户受教育程度为高中及以上。

第二，家庭特征包括家庭人口数量、家庭年收入和茶产业收入比重。家庭人口数量以4～6人为主的占58.4%；家庭年收入在10万元及以下的农户占75.6%，而在10万元以上的不足25%；茶产业收入比重大于50%的样本占比为71.3%，说明茶产业收入是农户的主要收入来源。

第三，茶园资源特征包括茶园面积、茶园地块分散程度和茶园土地质量。茶园面积不超过0.4公顷的农户达66.5%，0.67公顷以上的仅16.2%；茶园地块分散程度"很分散"和"较分散"的样本为31.6%，"较不分散"和"很不分散"的样本为41.6%；37.8%的农户反映茶园土地质量具有"较好"和"很好"的水平，认为"很差"和"较差"的仅占7.1%。

第四，村庄特征包括村经济发展水平和距城镇距离。认为本村经济发展水平为“一般”的农户占50%以上；所在的村庄距城镇距离为“较近”和“很近”的农户占36.8%；而所在的村庄距城镇“很远”的农户只占5.7%。

三、农户对安溪铁观音茶文化系统的认知维度

(一) 农户对遗产的认知维度

1.农户遗产地方认同维度分析

根据地方认同理论，结合已有的研究成果，将农户遗产地方认同划分为历史认同、现实认同、情感认同、文化认同、价值认同和行为认同6个维度。

农户的遗产地方认同程度较高。由农户遗产地方认同维度测量结果可知，历史认同、现实认同、情感认同、文化认同、价值认同和行为认同6个维度的得分均值分别为3.69、3.67、3.90、4.08、4.14和4.40，均大于3.5，说明大多数农户对这6个维度都持认同观点，尤其是在文化认同、价值认同和行为认同上。在历史认同上，农户所处的地方位于铁观音、黄旦、本山、梅占等国家级茶树良种的发源地，农户比较了解古茶树的发展历史；在现实认同上，农户许多生活习俗的形成都与茶文化有关，如斗茶习俗；在情感认同上，农户表示目前一些安溪铁观音茶文化正在逐渐淡化；在文化认同上，农户认为安溪铁观音茶文化系统是安溪县的重要代表之一；在价值认同上，农户收入主要来源于茶叶生产，安溪铁观音茶文化系统是其生产和生活的基础条件；在行为认同上，农户表示目前安溪铁观音茶文化系统的保护还不够完善，有必要采取措施推动安溪铁观音茶文化系统的保护，例如加强安溪铁观音品牌建设、拓宽农户茶叶销售渠道等。

2.农户遗产的认知及保护态度关系

借助于地方认同维度的划分，农户遗产的认知态度通过历史认同、现实认同、情感认同、文化认同、价值认同和行为认同表征，农户遗产的保护态度以行为认同表征，进而探讨农户遗产的认知态度与保护态度的关系。

农户遗产的认知态度与保护态度显著正向相关。相关性分析结果显示，历史认同、情感认同、文化认同、价值认同和行为认同的相关系数都是正的，分别为0.329、0.287、0.162、0.259和0.486，且至少在0.05显著性水平下显著。其中，价值认同与行为认同的相关系数最大，且显著性水平达到0.01，说明农户

对遗产的价值认知会对其保护遗产的态度产生较大的影响。主要的原因在于安溪铁观音茶文化系统作为中国重要农业文化遗产具有重要的价值,农户对安溪铁观音茶文化系统的价值了解得越多,越能意识到采取保护措施的重要性。

(二)农户对遗产保护的认知程度及维度

1.农户对遗产保护的认知程度

第一,农户对遗产保护主体的认识能够直接反映其参与遗产保护的主动程度。农户认为安溪铁观音茶文化系统保护的主体主要是政府、农民和社会团体。调查结果显示(该调查选项为多选),认为政府是安溪铁观音茶文化系统保护主体的农户比例最高,达到77.0%,认为农民和社会团体是安溪铁观音茶文化系统保护主体的农户比例相近,分别为59.8%和57.4%,而认为安溪铁观音茶文化系统保护的主体是企业和科研工作者的农户比例均小于50%,分别为40.2%和37.8%。这表明农户认为政府和农民在安溪铁观音茶文化系统保护中起主要作用,即政府引导、农民参与,但同时也需要社会团体等社会力量的参与。

第二,农户对遗产保护对象的认识能够在一定程度上较真实的反映遗产不同保护对象的重要程度。农户对安溪铁观音茶文化系统保护对象的重要程度排序结果为传统种植技术>铁观音制作技艺>茶树种质资源>传统制茶工具>茶俗文化>铁观音茶艺。调查结果显示,认为传统种植技术最需要保护的农户比例最大,为73.7%,其次是认为铁观音制作技艺、茶树种质资源和传统制茶工具最需要保护的农户比例,分别为71.2%、67.3%和62.9%,而认为茶俗文化和铁观音茶艺最需要保护的农户比例分别只有42.9%和36.1%。农户普遍表示,一是使用传统种植技术生产茶叶能够起到保护茶园生态环境的重要作用;二是制茶工艺直接决定了茶叶的质量,从而影响茶叶价格;三是对于种茶来说,茶树的品种也是非常重要的,当地的茶叶品种会更具有独特性。

2.农户对遗产保护的认知维度

基于计划行为理论的认知维度内涵,在已有关于农户遗产保护认知指标的研究基础上,结合安溪铁观音茶文化系统保护的实际,将农户遗产保护的认知维度划分为行为态度、主观规范和控制认知,而且选取具体测量指标来衡量,农户对遗产保护的3个认知维度排序从高到低为主观规范、控制认知和行为态度，得分均值分别为3.71、3.69和3.57，均大于3.5。

第一，在主观规范上，农户主要认识到政府在积极要求保护遗产，而认为周围农户对自身参与保护的影响不大。调查显示，农户认为县人民政府积极开展保护和村委会积极开展保护的得分均值分别达到4.08和4.09，而认为自身参与保护受周围农户的影响大的得分均值只有2.98，主要原因在于农户生产茶叶之间竞争较小，保护安溪铁观音茶文化系统是农户自身应该承担的责任。

第二，在控制认知上，农户对自身参与遗产保护的能力评价较高。农户认为保护的难度不大的得分均值只有3.02；农户认为能承受参与保护的资金成本的得分均值有3.43，接近3.5；农户认为能承受参与保护的时间成本、积极参与保护能取得成效、掌握了参与保护的专业知识和基本技能，得分均值分别为3.89、3.81、3.64，均大于3.50。主要原因在于，传统技术难以适应社会的快速发展，相关保护措施落实到农户存在一定的困难，农户资金能力有限，尤其是对于年龄较大的农户来说更是这样，而相对来说，政府和企业会有更大的资金能力。

第三，在行为态度上，农户对遗产保护的意识较强，而对遗产保护知识的了解不足。农户对遗产保护的行为态度包括遗产保护知识和遗产保护意识，遗产保护知识表现为农户对保护政策和自身参与到保护的途径的了解，得分均值分别只有3.54和3.42；遗产保护意识表现为农户对保护有利于改善生产和生活的认识程度，得分均值达到4.11。主要原因在于安溪铁观音茶文化系统保护政策对农户的宣传不够，导致农户对保护政策的了解不足，而且许多保护政策要落实到农户存在一定困难，因此农户缺乏参与保护的途径。

第五节　福建福州茉莉花与茶文化系统

一、福州茉莉花与茶文化系统农业文化遗产系统特征与价值

随着社会工业化及城市化的加速发展，人口、资源与环境之间的关系面临着日益严峻的考验，作为社会发展基础的农业也面临着来自人类活动和自然

环境各方面的挑战，如人口激增、环境污染、土壤肥力下降、土地沙化和荒漠化、水土流失、生物多样性降低等。在漫长的历史发展过程中，人类通过农业实践获取了大量而丰富的农业文化知识及经验，并形成一个完整的农业文化体系，但在保护过程中也存在着诸多问题。如何在快速发展的现代社会中实现农业可持续发展成为国内诸多学者研究的焦点。也正是在上述农业发展所面临的困境下，全球重要农业文化遗产的概念被提出并得到全球推广，受到有关国际组织和专家学者的高度重视。

中国拥有悠久的农耕文明，自古就是农业大国，古人在与自然环境的长期适应中形成了丰富的农业文化知识、农耕经验及相应的农耕习俗。同时，随着我国现代化进程的加快，未来的农业发展走向何方成为一个亟待解决的问题。农业文化遗产的应运而生拓宽了我国农业的发展道路，并受到国内外越来越广泛的关注。目前，以中科院李文华院士和闵庆文研究员为首的国内专家学者对我国农业文化遗产的保护与发展开展了富有成效的探索与研究，取得了丰硕的研究成果，主要集中在浙江省青田县稻鱼共生系统、贵州省从江县稻田养鱼系统、云南红河哈尼梯田系统以及会稽山古香榧群农业文化遗产。福州茉莉花与茶文化系统是符合福州当地自然、交通条件，充分利用自然环境优势，通过长期协同进化而成，具有典型农业文化遗产特征的农业复合系统。但近些年来，因系统所处福州市城郊的特殊地理区位以及城市化与工业化发展的双重影响下，系统的稳定和可持续发展受到外界环境的强烈影响而面临严峻的发展局面。在此背景下，对福州茉莉花与茶文化系统的农业文化遗产特征及价值进行深入探讨和挖掘，并以此促进农业文化遗产地的保护与可持续发展，并期望对我国农业文化遗产的长远发展具有借鉴意义。基于此，研究通过资料搜集、实地调研、人员走访与部门调查等方式相结合，对福州茉莉花与茶文化系统农业文化遗产的系统特征与价值进行了研究，具有重要的理论和实践意义。

（一）福州茉莉花与茶文化系统农业文化遗产特征

1.起源与演化

茉莉花原产中亚细亚，西汉由印度传入福州。福州在北宋时便开始制作茉莉花茶，为世界茉莉花茶的起源地。明代时，茉莉花茶的加工技术有了较大发展。清朝五口通商后，福州成为世界最大茶港，同时期，福州茉莉花茶成为皇家贡茶,开始进行大规模商品化生产,花茶逐渐畅销欧美和南洋。清末到民国期间是福州茉莉花茶产销两旺时期。1937年抗日战争爆发后,因战争阻碍交通、消费,茉莉花茶生产转向衰落。新中国的成立让福州茉莉花茶重获生机,20世纪50年代福州茉莉花茶成为国家外宾接待礼茶。改革开放前,中国出口的茉莉花茶均为福州出产。20世纪80年代中期至90年代中期,福州茉莉花茶产业达到鼎盛,产量占全国产量的60%以上。20世纪90年代中后期以后,花农的种植积极性锐减,福州茉莉花茶产量迅速下降。2005年福州开始重振茉莉花茶产业,并先后获得国家工商总局、质检总局、农业部三大地理标志认证、全国农产品加工示范基地、"世界茉莉花茶发源地""世界名茶""最具影响力的中国农产品区域公共品牌""中国茶叶区域公共品牌十强"等称号,福州茉莉花茶传统窨制工艺被列为国家级非物质文化遗产保护名录。

2.系统结构

福州茉莉花茶的原料为绿茶和茉莉鲜花。福州茉莉花、茶种植区主要分布在闽侯县、长乐区、永泰县、罗源县、连江县。该分布区中部属于典型的河口海积盆地,海拔多在600~1 000米之间。境内地势自西向东倾斜,形成山顶森林、山腰种植茶树、山脚城市、沿江平原种植茉莉的山水农业景观格局,经过多年的尝试初步形成了森林—茉莉(茶树)—绿肥复合型等生产模式,并与福州独特的茉莉花茶工艺文化、特有的茶文化与民俗习惯构成功能多样的复合生态系统。

3.系统特点

福州茉莉花与茶文化系统可以为人类提供花茶、蘑菇、肉类、绿茶等食物,茉莉花和茶具有多种药用价值,对当地农户创收起着重要的作用。该系统具有丰富的生物多样性,如茉莉花的品种多样性、生态系统物种多样性和相关物种多样性。当地居民因地制宜创造出的立体种植具有多种生态系统服务功能,如生物多样性保护功能、水土保持功能、涵养水源、改善气候和净化空气等生态功能。系统还具有丰富的知识体系和技术体系,如茉莉与茶树栽培管理技术、水土管理技术等,系统在长期的过程中也形成了关于茉莉花特有的文化体系。

(二)福州茉莉花与茶文化系统农业文化遗产价值

1.生态价值

(1)茉莉花品种多样,在中国单瓣茉莉为福州特有

茉莉花的品种较多,目前仅我国就有60多个品种,其中主要的栽培品种

依其花形结构一般分为单瓣茉莉和双瓣茉莉两种。

(2)生态系统物种多样,单脚蛭和黄色河蚬为地方独有品种

茉莉花和绿茶林下物种十分丰富,其中茶园生态系统中有植物53科111属147个种,动物53科111属147个种,茉莉花生态系统中有动物29科,51个种,茶林生态系统中有动物55科,79种。其中,单脚蛭为福州特有物种,1979年发现产于茉莉花附近的湿地。黄色河蚬也为福州特有品种,与其他的黑色河蚬不同,只有在湿地环境极佳的环境下才能生存,江水被污染是这两种物种生存最大的元凶。据调查,单脚蛭和黄色河蚬为福州特有,说明茉莉花生存的闽江江滨湿地生态环境质量极高。

(3)丰富的相关物种

福州市内河网纵横,植被类型分为天然植被和人工植被两大类。全市森林覆盖率54.9%,独特的地形地貌和森林、湿地使得市内生物丰富多样。据调查,全市属于国家重点保护的野生动物有83种,其中,黑嘴端凤头燕鸥和黑脸琵鹭分别被列为全球极危(全球总数约100只)和濒危(全球总数约6 000只)物种,省重点和省一般保护的陆生野生动物分别为43种和300种,珍稀野生植物属国家重点保护的有37种。

(4)保护生态系统的生物多样性

福州茉莉花一般种植在河滨湿地,是鸟类重要的栖息环境,共有鸟类10目19科73种,其中属国家二级保护的鸟类就占总种数的15%,还有48种《中日候鸟保护协定》保护的鸟类,占总数的66%。茶树主要种植于海拔在600~1 000米高的山坡与山顶上,茶园生态系统为多种有益昆虫提供了生存和栖息的场所,形成林下物种丰富的茶园生态系统。

(5)水土保持价值

茉莉花主要种植于河滨湿地,可以起到固定河边冲积土的作用,从而有效减少水土与养分流失。种植茉莉花一般用有机肥做底肥,挖深沟高起垄,使土质更加疏松,土壤的孔隙度与含水量增加,该管理方式下的茉莉种植园涵养水源价值达平均每公顷2 293.73元,在一定程度上起到保持水土的作用。部分地区农户用龙眼树、橄榄树、柑橘树、白玉兰树等与茉莉花套作,增加了单位体积土壤的生物量和地上植被覆盖率,也可减少土壤的流失。茶树种植采用修筑梯田栽种植株的形式,梯田可以减缓坡面水流速度,增加下渗量,减少坡面

径流量，降低了水流对坡面土壤的冲刷能力，起到水土保持的作用。

(6)调节气候与大气成分和净化空气的作用

茉莉花和茶树成片集中种植，使区域的蒸腾作用加强，形成稳定的小气候，对当地的气候起到调节作用。研究表明，茉莉花与茶树种植园均优于邻近生境，同时，茉莉花和茶树通过光合作用，吸收CO_2释放出O_2，在物质生产的同时释放O_2，是自然界中C循环的重要环节，具有调节C平衡，增加空气中O_2的作用，据研究，其固碳释氧的价值量分别为平均每公顷26 942元和6 781元。此外，茉莉和茶树叶也具有吸附烟尘与净化空气的功能。

2.经济价值

茉莉花茶制作可为花农和茶农创收，据调查，目前每亩茉莉花年纯收入超1万元。2009年福州茶业企业中自有茶园面积5 835公顷，年茶业产量约1.1万吨，销售额达13.7亿元，农户拥有茶园面积3 232公顷，年产茶叶0.5万吨，茶农人均年收入3 700元。与此同时，茉莉花、茶种植过程中与龙眼树、橄榄树等间作，同样可增加农户收入。茉莉花茶中含有茉莉酮、茶多酚、儿茶素等，具有安神、解抑郁、抗辐射、抗氧化等医疗和保健功效，富含丰富的蛋白质、氨基酸、维生素、矿物质元素等，具有很高的医药和食品开发价值。此外，福州茉莉花茶生产涉及茉莉花与茶树两个方面的农业生产活动，这一过程中为人类提供蘑菇、花茶等食物。

茉莉花与茶文化系统是特色休闲农业的重要资源，具有重大的生态与经济价值。福州市现已建成闽江及其支流沿岸茉莉花生态走廊和高山区生态茶园区，形成春茶夏花的茉莉花茶休闲特色，并与温泉相结合，构建成采摘、垂钓、加工、泡温泉于一体的福州休闲旅游体系。

3.社会价值

茉莉花和茶树的种植、茉莉花茶的制作全过程以及销售等是福州地区农民的重要生计手段，留守在家的妇女均可参与其中，成为主要的劳动力构成。此外，茉莉花茶作为饮用佳品也成为朋友、团体以及社会组织等主体进行社交活动时的热门饮品选择。福州茉莉花茶产业创意园的构建，也可为其他同类型地区发展相关产业提供借鉴意义。

4.文化价值

福州茉莉花与茶文化系统全球重要农业文化遗产具有重要的文化价值，

如间作套种技术、茶叶窨制工艺、品茶与茶艺等、饭前饭后饮茶的饮食文化。唐宋以来,茉莉以淡泊名利、茉莉莫离等精神,衍生出永不分离等含义,代表着友谊、爱情。茉莉簪饰文化至今仍然盛行,每年5月底到10月,福州大街小巷还有许多卖茉莉花的卖花女,的士上的茉莉花串成为福州的风景线,形成了以茶文化为核心的多文化融合。福州茉莉花茶悠久的历史也同样具有重要的文化价值。

5.科研价值

茉莉花茶具有营养学、医药学、生态学、作物学和历史学等方面多种学科研究价值。茉莉花、茶树的基因资源、选育、栽培、采摘以及茉莉花茶的制作工业、产业发展、经济形态及其多重功能复合农业生态系统及生物多样性、生物提取等方面均具有重要的研究意义。

6.示范价值

茉莉花种植与茶文化农业文化遗产的原料生产与加工工艺,体现了传统技术的特征,具有增收增产的特点。通过龙头企业发展,构建茉莉花与茶文化农业产业创意园,提升其影响力与示范性,加快这种生产方式在适合发展茉莉花茶的地区进行推广。

7.教育价值

福州是茉莉花茶的发源地,从诞生至今有着丰富多样的文化、工艺,并反映出每个特殊历史时期的时代背景,凝聚了不同时期劳动人民的智慧,体现出茉莉花茶重要的历史价值。与此同时,茉莉花茶的发展是人与自然和谐共生条件下形成并动态发展着的农业生态系统产品,对青少年提高环境保护意识,理解可持续发展,提升生态文明建设和民族自豪感具有重要的教育价值。

8.独特价值

茉莉花茶是先民发挥聪明才智创造的最伟大的工艺。茉莉花茶历经千年,有着众多的辉煌历史和奇迹,是人与自然和谐发展的重要农业文化成果典范。特别是茉莉花与茶叶的窨制工艺,不仅可以提升高档茶叶的内质,也可以提高中低档茶叶的内质、滋味和品味,这是其他同类农业文化遗产所不具有的价值。

二、福州茉莉花与茶文化系统保护与发展的优势、劣势、挑战与机遇

(一) 优势

1.茉莉花茶精湛的生产工艺

福州茉莉花茶生产工艺经过近千年的传承创新,窨制技术独特成熟。建国初期,福建省福州茶厂研制联合窨花机,并投入使用,成为国内最早的花茶窨制机械,2008年春伦集团采用全程自动化的窨制联合机,实现了花茶窨制原料不落地加工。福州茉莉花茶用花特点表现为高品质茶叶采用伏花,中低档采用春、秋花窨制。2014年“福州茉莉花茶”传统窨制工艺被列入国家级非物质文化遗产保护名录。

2.茉莉花茶独特的文化特征

福州茉莉花茶源于宋、成于明、盛于清。历史上留下许多茉莉的名言、寓意和礼仪等文化习俗。许多名人曾赞赏福州茉莉花茶,如毛泽东主席招待尼克松总统,周恩来总理招待基辛格都用此茶,朱德委员长特地视察并赞赏福州茉莉花茶。著名作家冰心也赞誉福州是茉莉花茶的故乡。

3.较高的国际知名度,在国际上广受喜爱

茉莉花茶为中国特有的精品,受到西方人的赞美。五口通商口岸的福州是各地茶叶的集散地与世界最大的茶港,马尾罗星塔被称为“中国塔”,因为茶叶,福州成为世界的航标。2011年,福州被国际茶叶委员会授予“世界茉莉花茶发源地”,2012年,授予福州茉莉花茶“世界名茶”的称号。

(二) 劣势

1.茉莉花的种植面积锐减

茉莉花的种植面积、产量和质量是茉莉花茶加工产业的基础。福州茉莉鲜花的种植面积在20世纪80年代持续扩大,到了1994年达近十万亩。随着城市化和工业化的推进,城市用地侵占了大量的茉莉种植面积,茉莉花茶的生产及销售极盛而衰,20世纪90年代末至21世纪初,茉莉花种植面积逐年锐减,在福州不同茉莉种植区表现的趋势相似。茉莉种植园的消失导致相关生物多样性降低。近年来,在政府部门的鼓励下,茉莉种植面积减少趋势才得到遏制,2013年茉莉花种植面积约为700公顷。因此,如何稳定福州茉莉花的种植面积和产量是茉莉花茶产业发展所面临的严峻问题。

2.茉莉花茶产业链条有待延伸

茉莉花开花时间稳定，气温以30℃~40℃为宜，是世界著名的气质型花，因此其深加工过程中精油的开发较难，多以制茶为主，产业链拓展有限。目前世界上以香奈儿精油加工为主导公司，价值较高，每千克价格超过60万元人民币。茉莉花开发的精油、茶开发的精油以及茶多酚等相关产业链的深加工亟待加强。

3.茉莉花茶种植劳动主体普遍老龄化

目前从事茉莉花茶种植的农民年龄普遍偏大。据抽样调查统计，种植者中55岁以上的占68.39%，而25~34岁的仅占4.9%，种植者占总调查农户的比例随着年龄的减小而递减，这主要与茉莉花与茶种植整个过程都比较辛苦，种植投入也相对较高，从而使得其在种植过程中的比较效益低，留守老人主要从事种植活动，构成了茉莉与茶种植的劳动主体普遍老龄化，严重威胁着福州茉莉花与茶文化系统的可持续发展。

(三) 挑战

1.茉莉花茶产业投入产出比较低

福州茉莉花花茶整个产业在21世纪初期逐渐步入低谷，这与产业的比较效益低密切相关。同样地区之间的比较效益也存在差异。2016年，福州雇人采花的工资达到每千克14元，是横县雇人采摘茉莉花工资的两倍以上。此外，福州七山一水两分田，突显土地价值成本高。综上所述，再结合福州茉莉花具有较长的花期，增加了从事茉莉花种植产业的劳动强度，从而降低了原有茉莉花农的种花积极性。

2.茉莉花茶价格低、茶质量缺乏有力监管、茶品牌缺乏有力宣传

茉莉花茶曾经以优质优价占有较大的市场份额，但随着人们对茶的品质和品牌的要求逐渐提高，茉莉花茶的消费价格恒定导致质量下降，一度被贴上“低端茶”标签，产业发展遭遇巨大的瓶颈。同时，由于茉莉花茶传统制作工艺成本高，技术复杂，造成茉莉花茶的市场占有率萎缩。另外，由于茉莉花茶没有形成监管有力的行业协会，产品质量参差不齐，部分商家以次充好，损害了品牌信誉度。茉莉花茶较少参加国际性的展销会、农交会等，世界名茶的知名度还有进步的空间。

3. 城市用地扩张与农业土地利用转变

茉莉花主要种植在河滨湿地，土地平整，环境优良，成为建设开发用地的最佳类型。正因为如此，河滨茉莉种植园被大规模转换为建设用地及其他土地利用用地，从而使得在福州的茉莉花河滨种植面积锐减，直至最低谷小于333公顷，制约着福州茉莉花茶产业的可持续发展。近年来福州市大力鼓励种植茉莉花，2010年来，每年新增茉莉花33~47公顷，逐步稳定了茉莉花的产量。但与此同时，比较效益低的现实，使得当地年轻人也离开了这一产业，使得福州茉莉花茶产业技术传承难、产业发展面临瓶颈，使得福州莱莉花茶产业发展面临挑战。

4. 产业品牌宣传与城市形象宣传缺乏融合

福州是世界茉莉花茶的起源地，茉莉花茶的制作和饮用茉莉花茶习俗历史十分悠久，城市发展每一个阶段都烙有茉莉花茶的生产工艺和文化的印记，这在世界是绝无仅有的。独特的茉莉文化是福州市的一笔发展潜力巨大的宝贵财富。然而，近年在发展过程中，城市经济发展、城市形象定位宣传与茉莉花茶的宣传没有较好的结合，茶叶产业营销和城市宣传各自为政，导致了资源的浪费，宣传效果欠佳，茶叶产业的发展策略与城市形象、知名度的打造提升策略亟需整合。

(四) 机遇

1. 茉莉花茶多样性的国家与地区需求

近年来，福州茉莉花茶占全国出口量以及福建出口量的重要份额，主要销于日本、东南亚、港、澳等国家和地区。福州茉莉花茶的出口数量、金额、单价均保持稳定。2015年，发往国外的福州茉莉花茶产量达到1 200多吨。中国茉莉花茶出口量和单价持续升高，在2016中国茶叶区域公用品牌价值评估中，福州茉莉花茶品牌价值28.52亿元，位列全国十强，被评为最具品牌资源力的品牌。

2. 茉莉花茶生产企业发展壮大与茶农积极性提升

福州茉莉花茶的100多家企业中，有国家农业产业化重点龙头企业2家，中国驰名商标3个，中国茶叶百强企业6家，与此同时，有院士工作站的企业2家，拥有省级农业产业化龙头企业共6家。2010年，福州茉莉花茶产业联盟成为全国农产品加工示范基地，福建春伦茶业成为全国农产品加工研发茶叶专业分中心，闽榕茶业成为全国农产品加工示范企业。福州茉莉花茶产业带动茶农、花农2.6万户，户均增收1.2万元。此外，政府还制定了一些激励和补贴政策，一定程度上调动了茶农生产积极性。

3.全球重要农业文化遗产及中国重要农业文化遗产保护的兴起

自2002年，全球重要农业文化遗产由联合国粮食及农业组织发起以来，中国是积极响应全球重要农业文化遗产项目的国家之一，目前已经有浙江青田稻鱼共生系统等19个系统相继被列入全球重要农业文化遗产保护名录，对其他地区产生了良好的示范效应。在积极申报全球重要农业文化遗产的同时，相关的科研人员对各农业文化遗产系统进行了深入的研究，研究成果受到国际关注，对农业文化遗产价值的认识、保护的意识得到国际社会的广泛认可。同时，福州茉莉花种植与茶文化系统进入首批中国重要农业文化遗产目录。2014年，福州茉莉花与茶文化系统成为全球重要农业文化遗产，对茉莉花与茶文化的保护和利用乃至福州农业发展带来了很大机遇，将为茉莉花茶的发展带来更大的推动作用。

第七章 福建茶文化农业遗产价值

第一节 茶文化农业遗产文化价值

人类历史在长久发展过程中，有诸多具有文化价值的事物，其中典型代表就是文化遗产。文化遗产具有原真性，记载着人类或一个民族的记忆，是构筑现代性自我认同的基础，是人类情感上不愿意割舍的一部分，形成一个国家的文化内涵，如中国的长城、故宫、宏村等，法国的沙特尔大教堂、凡尔赛宫等，这些文化遗产成为了国家名片，具有强大的号召力。

茶文化农业遗产文化价值是指人类在长期茶事农业活动中形成的特有文化基因和精神特质，能够表明特定背景下文化属性及形态，是形成民族精神纽带、民族意识、社会认同、民族文化的基础。

我国是农业大国，茶农与土地发生长期相互作用，形成了诸多文化习俗，如采茶歌、采茶舞等，并逐渐演化成文化基因和精神特质。茶文化农业遗产文化价值突出，体现在宣传教育、文化认同、示范推广三个层面。

一、宣传教育价值

宣传教育是茶文化农业遗产文化价值的功能体现。茶文化农业遗产作为一种活态遗产能完整清晰地呈现在游客眼前，游客可身临其境体验茶树种植、茶叶生产制作、茶园风景、茶文化精神等知识，可促进各民族地区文化交流。目前，茶文化农业遗产地通过旅游开发开展体验式教育，此种方式集文化、精神、知识、美学为一体，为今后茶文化农业遗产地发展保护提供了思路。

二、文化认同价值

文化认同是指群体在一个文化环境中长期生活形成对该文化环境的肯定性认同，是对该文化价值的肯定性判断。文化认同主要源自自我身份确认或内心情感归属，是自身与地方形成情感关系的重要维系物，也是一个民族内心凝聚力及文化自信的直接体现。

茶文化农业遗产包含诸多地方民俗文化，遗产地居民通常将其视为传统文化习俗的遗存。我国是多民族国家，茶文化农业遗产融合了各民族的文化与精神，对增强民族文化认同、各民族间凝聚力具有重要作用。

三、示范推广价值

茶文化农业遗产是一种极为稳定的综合系统，是各民族的智慧与结晶，是人类与自然和谐相处的典范。诸多茶树种植生产知识对我国现代茶事农业发展具有重要示范价值，如福建安溪铁观音茶文化农业遗产的带状茶—林种植模式，在茶园中间种豆科乔木，能够涵养固氮、增加肥力、遮阳保水、保温防冻，同时套种一年生草本植物，能减少水土流失、增加群落结构、维持生物多样性，此种生产种植模式蕴含深刻的生态哲理，既能保证生态可持续性，也可增加茶叶产量。

第二节　茶文化农业遗产经济价值

茶文化农业遗产经济价值是指茶文化农业遗产通过开发利用带来的直接经济效益。经济价值是全球重要农业文化遗产和中国重要农业文化遗产项目在评选时重要参考标准，分别在系统性中的“物质与产品”“景观美学”两项中有明确概述，可见经济价值是农业遗产的一项重要价值。茶文化农业遗产经济价值主要体现在茶叶生产价值、旅游开发价值、物种资源价值三个层面。

一、茶叶生产价值

茶叶生产价值指茶文化农业遗产通过开发利用生产茶叶带来的经济效益。茶文化农业遗产通过生产茶叶，为我国交易市场提供了饮品、生产原料等，同时为遗产地居民带来巨大的经济效益，是遗产地居民重要经济来源，如福州茉莉花茶文化农业遗产地，茉莉花茶年总产量达1.5万吨，年产值达20亿元，是当地居民的重要经济收入，为当地居民提供了生计安全。

二、旅游开发价值

旅游开发价值指将茶文化农业遗产地作为旅游地进行开发利用带来的经济效益。目前，文化旅游与乡村旅游发展迅速，茶文化农业遗产地具有明显开发优势，具体表现为如下方面：①文化资源丰富，茶文化农业遗产地能够形成以茶文化为核心的文化体系；②自然风景优美，茶文化农业遗产地一般都位于山区农村地区，茶园能依托优美的自然环境，形成以茶园观光为主题的文化旅游。目前各茶文化农业遗产地政府也意识到茶文化农业遗产地的优势，均在大力发展地方茶文化农业遗产旅游产业。茶文化主题旅游不仅能够带来经济收入，同时能够宣传弘扬以茶文化为核心的传统文化，增加遗产地居民文化自信。

三、物种资源价值

物种资源价值是指茶文化农业遗产通过开发利用能够提供物种资源遗传的功能价值。随着生物科技的发展，诸多茶树新品种基于原有物种资源改良而来，但改良物种对比于原生物种在某些性状上仍显不足，如在高产、抗病、环保等方面，故具有优良性状的稀有物种资源仍旧更显珍贵。茶文化农业遗产地包含诸多稀有品种和古老品种，蕴藏着巨大的经济价值，如福州茉莉花茶文化农业遗产单瓣茉莉，花香沁人心脾，数量稀少，仅福州地区有种植，是福州茉莉花茶的重要原材料，物种资源价值十分贵重。再如云南普洱茶文化农业遗产，拥有诸多百年树龄古茶树，正是这些古茶树造就了云南普洱茶，其优质性状也为我国普洱茶树培育提供了样本资源。

茶文化农业遗产包含了我国遗传至今的茶树物种资源，保证了生物多样性和自然环境可持续发展，促进了我国茶树品种培育进展，为我国茶产业发展提供了保障。

第三节　茶文化农业遗产美学价值

茶文化农业遗产美学价值指茶文化农业遗产在色彩、形象、意境、风情及艺术、宗教、哲学等方面带给人们精神和情绪上的审美感染力，具体表现在审美感知、审美体验、审美理想三个层面。美学价值是文化遗产的一项重要价值属性，无论是联合国教科文组织（UNESCO），还是联合国粮食及农业组织（FAO），在评选世界文化遗产项目及全球重要农业文化遗产项目时均将遗产项目的美学特征作为重要参考。

一、审美感知

美学价值首先反映在审美感知层面，审美感知是指人对客观对象的色彩、形态、质感、声音等美学特征的感知。茶文化农业遗产是由自然、生态、人文形成的系统有机综合体，具有自然美、生态美、文化美。茶园、茶园外环境、聚落风貌等可直接作用到人的五官，使游客感知到遗产地的美学价值。

二、审美体验

审美体验在审美感知基础上产生。审美主体感知审美客体后，能够根据自身相关审美经历而产生情感体悟和验证。如果将五官上的审美感知理解为浅层美学感知，那么审美体验即为较深层次的审美感知，前者可以理解为感官上的感受，而后者可以理解为心理上的感受。作为美学感知的主体，游客在游赏审美客体时，除了注重感官上的感受，更加注重心理上的感受。游客在游赏茶文化农业遗产地时，自然风景及历史文化气息可作用到游客的心理层面，使其拥有美好的审美体验。

三、审美理想

审美理想指审美主体在审美体验的基础上对审美客体外在形态美和内在本质美进行一定的提炼，而达到对审美客体的一种综合性认识。审美理想价值是审美主体认识美的一种进步，是审美意识的核心。不同的审美主体对审美客体理解和追求具有较大的差别，这取决于审美主体与审美客体创造者之间的审美理想价值差异。审美理想能在人类进行审美创造时提供指导帮助，茶文化农业遗产是创造者根据自身审美理想创造的产物。茶文化农业遗产蕴含着创造者的审美理想，其审美理想的高低直接决定其美学创造力，游客在游赏遗产地时会根据自身对美的理想追求，并结合遗产地美学特征不断提升自身的审美趣味。

第四节　茶文化农业遗产技术价值

技术价值是指茶文化农业遗产能够提供具有重要意义的知识、信息、技术的特殊价值，是劳动者对于自然规律、科学知识、技术发明的总结提炼经验。茶树作为一种对于土地和气候要求较为严格的农作物，使得各地区茶农在茶事农业活动中所用的科学技术知识具有较大差异，是茶文化农业遗产科技知识要素多样性的直接原因。茶文化农业遗产是人类在一定科技生产力条件下的产物，反映了当时农业发展水平和农民创造能力，而这种创造能力代代相传，至今依旧具有重要的参考价值，如福鼎茶文化农业遗产白茶茶树栽培技术有以下两点经验可供现代茶树种植借鉴：①群落结构稳定，白茶栽培系统是立体多层群落结构，能够维持群落能量流动动态平衡，实现肥力自给，维持生物多样性；②间作种植，将白茶与红薯、蜜柑、木槿、桂花等植物套种，既能保证白茶树的自然健康生长，又能给白茶树遮阴，提高白茶的香气。

目前我国茶园土地资源十分紧迫，茶文化农业遗产地相关种植模式能为我国未来茶事农业发展提供技术思路。

一、种茶的技术价值

第一，帮助研究茶树的生长规律和生态条件，以及提高茶叶产量的优质高效栽培技术。

第二，茶叶种植是一个具有悠久历史和丰富文化内涵的传统行业，学习茶叶种植和管理技术可以更深入地了解茶文化，传承和发扬中华民族的优秀传统文化。

第三，掌握茶叶种植和管理技术后，可以考虑在农业领域创业，生产和销售优质的茶叶产品，从而推动农业经济的发展。

第四，茶叶具有许多保健功能，如抗氧化、降低血脂、抗菌消炎等，学习茶叶种植和管理技术可以更深入地了解茶叶的保健功能，为维护和增进人们的健康做出贡献。

二、制茶的技术价值

第一，为现代制茶工艺发展提供借鉴。结合不同茶树品种及其适合生产的茶叶品类，我国古代劳动者创造了众多细致的茶叶加工方法，积累了丰富的生产经验。这些方法和经验在史籍资料中得以沿传至今，有些方法在当今的制茶工艺中仍然发挥着积极作用，甚至仍然保持着最初的工艺流程。

第二，为茶文化旅游开发提供文化资源。“文化是旅游的灵魂，旅游是文化的载体。”近年来，人们对文化遗产的需要在广度和深度上均大幅扩大，因此以茶与茶文化为主题的旅游项目以其深厚的历史积淀和丰富的文化内涵而备受青睐，并成为多地旅游业与经济开发的新热点。

三、泡茶的技术价值

泡茶的艺术即为茶艺，茶艺不仅仅是一种技术，更是一种文化。茶艺在中国优秀文化的基础上又广泛吸收和借鉴了其它艺术形式，并扩展到文学、艺术等领域，形成了具有浓厚民族特色的中国茶文化。中国茶文化是包括茶叶品评技法和艺术操作手段的鉴赏以及品茗美好环境的领略等整个品茶过程的美好意境，过程体现形式和精神的相互统一，是饮茶活动过程中形成的文化现象。茶艺包括：选茗、择水、烹茶技术、茶具艺术、环境的选择创造等系列内容。茶艺背景是衬托主题思想的重要手段，它渲染茶性清纯、幽雅、质朴的气质，增强艺术感染力。不同风格的茶艺有不同的背景要求，只有选对了背景才能更好地感受茶的滋味。

第五节　茶文化农业遗产生态价值

生态价值是指茶文化农业遗产为人类社会生存发展提供的重要生态系统服务价值功能，是指人类从茶文化农业遗产生态系统中获得的所有益处。茶文化农业遗产是茶农周期性与土地发生作用的产物，是稳定的社会—人文—自然生态系统，具有明显的生态价值，主要包括维持生物多样性、生存环境调节服务两个方面。

一、维持生物多样性

维持遗产地生物多样性是茶文化农业遗产生态价值的重要体现，也是全球重要农业文化遗产、中国重要农业文化遗产项目的重要一项评选指标。茶文化农业遗产作为典型的农业生产生态系统，对维持生物多样性具有重要作用，如福鼎茶文化农业遗产茶树、红薯、蜜柑、木槿、杂草等构成了生产者，动物、昆虫、鸟类等构成消费者，细菌、真菌等构成分解者，形成了十分稳定的生态系统，能够维持遗产地遗传、物种、生态系统多样性。

二、生存环境调节服务

生存环境调节服务是指茶文化农业遗产地能够保证周围自然环境因子不断稳定发展，为生物提供生境的服务功能，主要有水土保持、水源涵养、气候调节、养分循环等方面。安徽太平猴魁茶文化农业遗产地通过水土资源合理利用，保证了山下村落和生物生境安全，并形成森林—高山茶园—森林—村落田园—湖泊湿地的立体稳定生态系统，对自然灾害具有较强的抵御能力。

第六节 农业文化遗产的保护、研究、问题及建议

一、保护工作

(一) 制度建设

在试点层面上，很多遗产地都成立了专门的机构，对农业文化遗产进行管理。如浙江省青田县成立了青田稻鱼共生系统保护工作领导小组，云南省红河州成立了红河哈尼梯田世界遗产管理局，内蒙古敖汉旗成立了农业文化遗产保护与开发管理局。

在国家层面上，农业部国际合作司和农产品加工局编制了《中国全球重要农业文化遗产管理办法》和《中国重要农业文化遗产管理办法（试行）》；先后发布了《中国重要农业文化遗产申报书编写导则》与《农业文化遗产保护与发展规划编写导则》，规范并有效地指导农业文化遗产的申报与保护发展工作；2014年1月和3月分别成立了全球重要农业文化遗产专家委员会和中国重要

农业文化遗产专家委员会。

(二) 遗产挖掘与示范

积极推进全球重要农业文化遗产申报工作。截至2023年,我国被联合国粮食及农业组织(FAO)批准为全球重要农业文化遗产(GIAHS)的项目点已达到19个,位居世界各国之首。

积极推进中国重要农业文化遗产的发掘与保护。参考联合国粮食及农业组织(FAO)关于全球重要农业文化遗产(GIAHS)的遴选标准,并结合中国的实际情况,制定了中国重要农业文化遗产的遴选标准、申报程序、评选办法等文件。2012年农业部正式开展了中国重要农业文化遗产挖掘工作,是世界上第一个开展国家级农业文化遗产评选和保护的国家。

加强农业文化遗产地示范点的能力建设和保护发展探索。以青田稻鱼共生全球重要农业文化遗产示范点为例,当地政府编制了《青田稻鱼共生系统农业文化遗产保护与发展规划》,组织了培训和研讨学习班,积极宣传全球重要农业文化遗产(GIAHS)保护经验,鼓励适当发展休闲农业和乡村旅游等途径,产生了良好的生态、经济和社会效益。同时在总结传统技术并结合现代农业管理技术的基础上,编制了《青田稻鱼共生技术规范》,并将其推广到其他地区,为当地农业经济发展发挥重要作用心。

(三) 科学普及

组织了以农业文化遗产保护为主题的论坛与培训活动,农业文化遗产保护与发展和全球重要农业文化遗产保护成果展,农业文化遗产摄影展等活动;拍摄了《农业遗产的启示》大型专题片;在《农民日报》开辟了“全球重要农业文化遗产”专栏等。

二、研究工作

众多科研机构和高等院校,围绕农业文化遗产的史实考证与历史演进、农业生物多样性与文化多样性特征、气候变化适应能力、生态系统服务功能与可持续性评估、动态保护途径以及体制与机制建设等开展了较为系统的研究,并在国内外期刊上发表了千余篇研究论文,包括在美国科学院院刊(PNAS)、Nature等国际顶尖的学术杂志,同时出版了专著、论文集20多本。其中,有关农业文化遗产的生态环境方面的研究可以分成以下三个部分。

(一) 系统结构与作用机制研究

农业文化遗产具有复合农业系统的明显特征，强调复杂自然—社会—经济系统内多个组成部分间的整体性及相互作用，将农、林、园艺、畜牧、水产等放在一个相互关联的系统中，研究这些系统的生态学思想是农业文化遗产研究的重要部分。

传统农业系统一般具有丰富的生物多样性，可以通过物种多样性来减轻农作物病虫害的危害，提高作物产量。在云南红河哈尼梯田系统的研究表明，水稻品种多样性混合间作与单作优质稻相比，对稻瘟病的防效达81.1%～98.6%，减少农药使用量60%以上，每公顷增产630~1 040千克。

另外，在农业等级多样性测度、农业生物多样性信息增益的测度等方面，也开展了一些研究。将贵州省江侗乡稻—鱼—鸭系统和水稻单作系统相对比，稻鱼鸭农业系统具有更多的营养级，食物网更加复杂，从而提高了农业生态系统的稳定性。

(二) 多功能性与生态系统服务研究

农业具有多方面重要作用，包括食物生产、环境保护、景观保留、农村就业和食品安全等。由于自然条件和人类活动的影响，农业文化遗产地多具有生态环境脆弱、民族文化丰富、经济发展落后等特点，农业的多功能特征表现得更为明显，还肩负着生产、生态、文化等功能。

从生态系统服务的角度来看，除了作物产品之外，农业主要提供三种类型的生态系统服务，即支持、调节和文化功能。同时，农业的发展还带来一系列负面影响。这些生态系统服务功能和负面影响的大小很大程度上取决于农业生态系统的管理方式。人们越来越认识到传统农业确实比现代农业提供了更多的环境效益。

研究者逐渐认识到农业文化遗产的多重价值，分别展开了定性研究和定量研究。研究表明，在一些自然条件复杂、生态系统脆弱的地区，传统农业的多重价值和生态系统服务更有利于当地农民的生计维持和生态环境的改善。从生态足迹的角度开展的可持续发展能力评价也得出了相同的结论。

(三) 动态保护途径研究

农业文化遗产动态保护与适应性管理正日益引起人们的重视，但作为一种新的遗产类型，相关研究还较少。建立多方参与机制是农业文化遗产保护与可持续发展能力建设的重要组成部分。

农业首先是一个产业部门，通过农业文化遗产保护促进农业文化遗产地的经济社会发展是必然要求，也是能够真正实现农业文化遗产保护的动力所在。大部分研究者更加关注农业文化遗产保护与社会经济发展之间的关系，认为替代产业发展是农业文化遗产动态保护的有效途径，包括特别是发展生态旅游和特色的有机农业。

三、存在的问题

虽然我国农业文化遗产的保护和发展工作取得了一定成效，走在了世界前列，但在经济快速发展、城镇化加快推进和现代技术应用的过程中，由于缺乏系统有效的保护，一些重要的农业文化遗产正面临着被破坏、被遗忘、被抛弃的危险，发掘和保护农业文化遗产仍存在一系列挑战。

一是农业文化遗产底数不清。中国民族众多、地域广阔，生态条件差异大，由此而创造和发展的农业文化遗产类型各异、功能多样。但截至目前，全国范围内尚未对农业文化遗产进行系统普查，更谈不上对农业文化遗产进行价值评估和等级确定。

二是农业文化遗产保护意识亟待提高。一些地方政府没有从关乎人类未来发展的高度认识到保护工作的重要性，片面认为农业文化遗产只代表过去，而没有认识到农业文化遗产一旦消失，其独特的物种资源、生产技术、生态环境和文化效益也将随之永远消失。

三是对农业文化遗产的精髓挖掘不够。没有系统地发掘农业文化遗产的历史、文化、经济、生态和社会价值，在活态展示、宣传推介和科研利用方面没有下大力气，导致传统理念与现代技术的创新结合不够，不利于农业文化遗产的传承和永续利用。

四是发掘与保护机制有待健全。虽然各地探索了一些有关农业文化遗产保护与传承的方法和途径，但仍存在重开发、轻保护，重眼前、轻长远，重生产功能、轻生态功能的做法，忽视遗产地农民的利益和农业的持续发展，难以实现遗产地文化、生态、社会和经济效益的统一。

四、建议与展望

农业文化遗产的研究与保护还是一个新生的事物，与联合国教科文组织世界遗产的发展不同，农业文化遗产的概念和保护理念还没有像世界自然遗产和文化遗产那样为人所熟知；农业文化遗产所蕴含的丰富而巨大的生态、经济、文化的价值也没有得到充分挖掘；国家对农业文化遗产发掘保护的投入还不够；农业文化遗产保护与新型城镇化、农业现代化、工业化和信息化以及生态文明与美丽中国建设融合程度还不够，还有很多问题需要我们加强科学研究，以推动农业文化遗产工作的健康持续发展。

一是明确农业文化遗产的行政管理职能，完善保护工作机制。赋予农业部负责农业文化遗产的相关政策法规的制定、行政管理的职责，并在部内设立专职的管理机构；尽快出台《农业文化遗产管理办法》，推动相关法律在修订时增加“农业文化遗产保护”的相关内容；将农业文化遗产的发掘与保护列入国家公园建设体系。

二是加强与粮农组织等国际机构的合作，继续保持我国在该领域的话语权。向联合国粮食及农业组织（FAO）派遣工作人员与专家，推动《全球重要农业文化遗产保护国际公约》的制定；利用相关合作平台，向其他国家传播我国农业文化遗产保护与利用的经验。

三是强化农业文化遗产及其保护研究，建立农业文化遗产保护的科技支撑体系。农业部联合科技部设置农业文化遗产保护研究行业专项或科技支撑计划，在全国范围内开展农业文化遗产普查，在农业文化遗产的政策导向战略安排、指标体系、评价方法、宣传展示以及示范推广等方面开展深入的科学研究，对农业文化遗产价值进行科学评估，确定分区、分类、分级保护重点，鼓励多学科跨部门的综合性理论研究与示范工作。特别是开展农业文化遗产的多功能评估与生态补偿、适应与减缓气候变化能力、农业生物文化多样性保护与资源可持续管理等方面的研究和宣传普及工作。

四是探索可持续利用模式和多方参与、惠益共享机制，加强农业文化遗产保护的能力建设和社会参与程度。农业部联合财政部设置农业文化遗产保护专项资金，对已经认定的农业文化遗产给予专门支持；利用世界粮食日、文化遗产日等，加大宣传力度，不断增强全社会的保护意识，积极营造有利于农业文化遗产保护、传承和发展的良好氛围。

21世纪是实现我国农业现代化的关键历史阶段,现代化的农业应该是高效的生态农业。面对新世纪,只要坚持以科学发展观和生态文明为指导,融合传统精髓与新技术,不断创造和提高,中国的农业就能探索出一条具有中国特色的可持续发展的道路。

参考文献
REFERENCES

[1]曹幸穗.农业文化遗产的“濒危性”[J].世界遗产 2015(10):63.

[2]曾雄生,张瑞胜,李伊波,等.中国农业历史、文化、环境与绿色发展——曾雄生研究员访谈[J].鄱阳湖学刊,2021(01):49-66+126.

[3]陈加晋,卢勇,李立.美学发现与价值重塑:农业文化遗产的审美转向[J].西北农林科技大学学报(社会科学版),2021,21(5):137-144.

[4]陈子君.泰兴银杏农业文化遗产价值挖掘与发展探究[J].农村经济与科技,2020,31(15):316-317.

[5]邓文睿.中国古代农业社会经济与农业文化的构建研究[J].神州,2019(28):261-262.

[6]樊六辉.世界农业文化的遗产价值与保护策略探析——评《世界农业文明传承与现代农业科技创新:第三届中华农圣文化国际研讨会论文集》[J].中国食用菌,2020(5):41-42.

[7]福建松溪竹蔗栽培系统[J].农产品市场,2021(23):24.

[8]葛猛,瞿峰峰.有机农业的发展历史、现状及对策[J].现代农业科技,2018(22):266-268.

[9]何红中.技术类农业文化遗产的内涵与保护利用[J].农业考古,2016(4):232-238.

[10]何环珠,林文雄,范水生.生态小院“5个一”发展模式在传承安溪铁观音茶文化系统中的应用[J].中国科技投资,2021(32):8-11.

[11]洪彦荣,曾芳芳.福建农业文化遗产休闲价值开发路径研究——以云霄古茶园与茶文化为例[J].现代农村科技,2019(4):5-6.

[12]黄国勤.长江经济带稻作农业文化遗产的现状与价值[J].农业现代化研究,2021,42(1):10-17.

[13]贾鸿键.试论青海门源自然环境和农业文化景观保护[J].青海社会科学,2011(4):64-66.

[14]李禾尧.素瓷雪色缥沫香——福建福鼎白茶文化系统[J].乡镇论坛,2021(24):36-37.

[15]李荣林,李欢,胡振民,等.抹茶的技术与人文分析[J].茶叶,2020,46(01):49-52.

[16]刘启振,王思明,胡以涛.多向度视角下的中国工具类农业文化遗产类型划分[J].云南农业大学学报(社会科学),2016(5):115-122.

[17]卢丛,裴华君.茶文化生态园旅游开发的价值与对策[J].农业与技术,2019,39(20):175-176.

[18]路璐,王思明.我国民俗类农业文化遗产:研究范式与复兴路径[J].中国农史,2013,32(6):103-113.

[19]吕杰,陈珂,王昭国.大力推进农业文化遗产保护工作[J].共产党员,2021(1):26-27.

[20]吕洁如.休闲农业与乡村旅游政策指导——评《休闲农业和乡村旅游政策解读》[J].中国农业资源与区划,2020,41(3):35,120.

[21]吕鹏,张一恒,王婷,等.农业类高校之高校土特产营销策略研究[J].黑龙江粮食,2021(03):66-67.

[22]闵庆文,张永勋.农业文化遗产与农业类文化景观遗产比较研究[J].中国农业大学学报(社会科学版),2016(2):119-126.

[23]农业工程类:大有可为的农业现代化[J].求学,2019(A1):111-113.

[24]任超.农业文化遗产的文化特性、社会功能与发展困境[J].乡村科技,2021,12(5):34-36.

[25]汪冉,雷书彦.湖北省物种类农业文化遗产的现状和保护[J].湖北农业科学,2021,60(6):127-130,170.

[26]王国萍,闵庆文,何思源,等.生态农业的文化价值解析[J].环境生态学,2020,2(08):16-22.

[27]王瑾.茶文化旅游与农业经济发展关系[J].福建茶叶,2016,38(11):126-127.

[28]王睿文,李英林.新时代农业院校大学生培育工匠精神价值探析[J].

江西电力职业技术学院学报,2021,34(10):144-145.

[29]王思明.农业文化遗产概念的演变及其学科体系的构建[J].中国农史,2019,38(6):113-121.

[30]王志岚.茶服的美学特征[J].蚕桑茶叶通讯,2021(2):34-35.

[31]小鱼.福建尤溪联合梯田千年历史造就的多元梯田系统[J].世界遗产,2018(1):68-74.

[32]谢玉航,杨荣清.基于空间句法理论的遗址公园优化研究——以南京东水关遗址公园为例[J].安徽建筑大学学报,2020,28(5):42-49.

[33]闫晓玲,赖格英.农业文化遗产价值评估方法综述[J].江西科学,2021,39(3):506-510,520.

[34]詹勇,林浩磊.福州茉莉花茶:"中国春天的味道"[J].农产品市场周刊,2021(15):18-21.

[35]张燕飞.农业类高校图书馆必采中英文电子文献资源调查分析[J].甘肃科技,2021,37(6):84-88.

[36]张莹,李明.聚落类农业文化遗产价值评价探析[J].农业科技与信息,2016(3):45-48.

[37]赵秋然,郝梦真,孙涵,等.农业文化遗产的历史性与历史价值的挖掘和保护[J].古今农业,2020(03):107-114.

[38]朱洪斌.农业文化遗产深度挖掘与转化研究——基于对浙江省湖州市农业文化遗产的调查[J].社会科学动态,2020(11):43-47.